Effet de la pollution minière sur l'arganier

Hakim Alilou

Effet de la pollution minière sur l'arganier

Anatomie, phytovhimie et remaniements stomatiques

Presses Académiques Francophones

Impressum / Mentions légales
Bibliografische Information der Deutschen Nationalbibliothek: Die Deutsche Nationalbibliothek verzeichnet diese Publikation in der Deutschen Nationalbibliografie; detaillierte bibliografische Daten sind im Internet über http://dnb.d-nb.de abrufbar.
Alle in diesem Buch genannten Marken und Produktnamen unterliegen warenzeichen-, marken- oder patentrechtlichem Schutz bzw. sind Warenzeichen oder eingetragene Warenzeichen der jeweiligen Inhaber. Die Wiedergabe von Marken, Produktnamen, Gebrauchsnamen, Handelsnamen, Warenbezeichnungen u.s.w. in diesem Werk berechtigt auch ohne besondere Kennzeichnung nicht zu der Annahme, dass solche Namen im Sinne der Warenzeichen- und Markenschutzgesetzgebung als frei zu betrachten wären und daher von jedermann benutzt werden dürften.

Information bibliographique publiée par la Deutsche Nationalbibliothek: La Deutsche Nationalbibliothek inscrit cette publication à la Deutsche Nationalbibliografie; des données bibliographiques détaillées sont disponibles sur internet à l'adresse http://dnb.d-nb.de.
Toutes marques et noms de produits mentionnés dans ce livre demeurent sous la protection des marques, des marques déposées et des brevets, et sont des marques ou des marques déposées de leurs détenteurs respectifs. L'utilisation des marques, noms de produits, noms communs, noms commerciaux, descriptions de produits, etc, même sans qu'ils soient mentionnés de façon particulière dans ce livre ne signifie en aucune façon que ces noms peuvent être utilisés sans restriction à l'égard de la législation pour la protection des marques et des marques déposées et pourraient donc être utilisés par quiconque.

Coverbild / Photo de couverture: www.ingimage.com

Verlag / Editeur:
Presses Académiques Francophones
ist ein Imprint der / est une marque déposée de
AV Akademikerverlag GmbH & Co. KG
Heinrich-Böcking-Str. 6-8, 66121 Saarbrücken, Deutschland / Allemagne
Email: info@presses-academiques.com

Herstellung: siehe letzte Seite /
Impression: voir la dernière page
ISBN: 978-3-8381-7690-1

UNIVERSITE IBN ZOHR
FACULTE DES SCIENCES
AGADIR

جامعة ابن زهر
كليــــــــة العلــــــوم
أكاديـر

MEMOIRE

Présenté en vue de l'obtention du

DIPLOME DES ETUDES SUPERIEURES APPROFONDIES

UFR : Biologie appliquée
Spécialité : Biotechnologies Végétales

Par

Hakim ALILOU

Effet de la pollution minière sur l'arganier : anatomie, phytochimie et remaniements stomatiques

Soutenu le 31 Octobre 2003 devant les membres de jury

A. El Moussadik	Professeur, Faculté des Sciences Agadir	Président
L.M. Idrissi Hassani	Professeur, Faculté des Sciences Agadir	Rapporteur
R. Rouhi	Professeur Assistant, Faculté des Sciences Agadir	Rapporteur
S. Daoud	Professeur Assistant, Faculté des Sciences Agadir	Examinateur

1

Remerciements

Ce mémoire a été réalisé au Laboratoire de Symbiotes Racinaires et de Biochimie Végétale (L.S.R.B.V) de la Faculté des Sciences, Université Ibn Zohr d'Agadir et financé par le projet **PROTARS N° P2T2/28** sous l'encadrement des professeurs : L. M IDRISSI HASSANI et R. ROUHI et qui se rapporte à la contribution a l'étude de l'effet de la pollution minière sur l'anatomie, la phytochimie et les remaniements stomatiques de l'arganier.

Je tiens à faire part de ma reconnaissance à toutes les personnes qui m'ont permis de mener à terme ce travail ainsi qu'a celles qui me font l'honneur de le juger.

Au terme de ce travail également, je tiens sincèrement à remercier M. le professeur M. A SERGHINI, Doyen P.I. de la Faculté des Sciences, Université Ibn Zohr et responsable du DESA : Biotechnologies Végétales pour la qualité de la formation scientifique dont il m'a fait bénéficier durant deux ans d'étude. Qu'il trouve ici l'expression de mon profond respect et de mes très vifs remerciements.

J'exprime ma profonde reconnaissance aux professeurs L.M. IDRISSI HASSANI et R. ROUHI pour la qualité de leur encadrement ainsi que leurs encouragements depuis mon arrivée à la Faculté des Sciences d'Agadir. Pour leur soutien moral, leurs critiques constructives, leur disponibilité et aussi leurs marques de sympathie qu'elles m'ont toujours témoignées. Qu'elles trouvent ici l'expression de ma gratitude pour leur généreuse contribution à ce travail et dont l'expérience et les conseils m'ont été si utiles.

Je voudrais également exprimer ma sincère reconnaissance à tous mes enseignants pour les efforts qu'ils ont fournis pour nous faire profiter de leurs connaissances durant les deux ans de DESA ; en particulier S. EL MADIDI pour leur aide et leur conseils précieux. Sans oublier mes professeurs de la Faculté des Sciences et Techniques de Beni Mellal.

2

Mes remerciements vont également à tous les membres du Laboratoire de Symbiotes Racinaires et de Biochimie Végétale pour leur soutien, leur amitié et pour le maintien d'une ambiance sympathique durant toute la période de ce travail : M. HATIMI, responsable du laboratoire, qui m'a accueilli au sein de son laboratoire et à Mme S. TAHROUCH, tous deux ont toujours répondu à mes nombreuses sollicitations en me prodiguant conseils et remarques judicieuses. Que leur soit assuré également ma profonde reconnaissance.

Ainsi qu'a mes collègues Mme F. HAMIDI qui a participé aux analyses statistiques, Mme. B. CHEBLI et K. EL MEHRACH et en particulier Mlle N. HEIMEUR et M. H. MAYAD pour leur aide et leurs précieux conseils incessants.

Que tous ceux qui m'ont apporté soutien, sous une forme ou une autre trouvent ici mes chaleureux remerciements.

DEDICACES

♥ A MES PARENTS POUR TOUS LES SACRIFICES CONSENTIS;

♥ A MA FEMME LAMIA ET MON PETIT YASSIR ;

♥ A MES CHERS FRERES : Hanin, Rabi, Abdelhafid et Med. Rida;

♥ A MA CHERE SŒUR Nawal;

♥ A LA MEMOIRE DE MON GRAND PERE ET MA GRAND MERE;

♥ A MA GRAND MERE, MA TANTE, MON ONCLE;

♥ A MES CHER (ES) AMI (ES).

JE DEDIE SINSEREMENT CE TRAVAIL

PUBLICATIONS ET COMMUNICATIONS

I. Publication

1. **Alilou H., Rouhi R. et Idrissi Hassani L. M., 2006 : Effet de la pollution minière sur les paramètres stomatiques chez *Argania spinosa* (L.) Skeels.** Reviews in Biology and Biotechnology. Vol .5, No 2. pp. 41-45

II. Présentations dans des congrès nationaux et internationaux

1. Alilou H., Rouhi R., et Idrissi Hassani L.M. 2011. Comportement stomatique et profil phénolique d'*Argania spinosa* exposé à la pollution minière. Premier Congrès International sur l'Arganier, Acquis et perspectives de recherche scientifique. Agadir. 15-17 Décembre.

2. Rouhi R., Alilou H. et Idrissi Hassani L.M., 2006 : La pollution minière et les remaniements Stomatiques chez *Argania spinosa*, plante endémique du sud ouest marocain. Deuxième Symposium Internationale Sur Les Plantes Aromatiques et Médicinales. Faculté des Sciences Semlalia Marrakech. 14-16 Septembre.

3. Alilou H., Rouhi R., et Idrissi Hassani L.M. 2005 : Effet de la pollution minière sur les paramètres stomatiques et le profil phénolique chez l'arganier. Optimisation des ressources naturelles dans les environnements arides. Institue Agronomique et Vétérinaire Hassan II Agadir. 14-18 Mars.

4. Alilou H., Rouhi R. et Idrissi Hassani L. M., 2004 : La pollution minière et l'adaptation stomatique chez l'arganier. Premier symposium doctoral national « Biologie, Santé et environnement ». Faculté des Sciences Ibn Tofail, Kénitra. 01-02 Juillet.

5. Alilou H., Rouhi R. et Idrissi Hassani L. M., 2004 : Effet de la pollution minière sur certains caractères botaniques et phytochimiques chez l'arganier. Congrès international de Biochimie-forum des jeunes chercheurs, Marrakech. 3-6 Mai.

6. Alilou H., Rouhi R. et Idrissi Hassani L. M., 2004 : Réponse phénolique a la pollution minière chez *Argania spinosa* (l.) skeels. Semaine Nationale de la Science de l'Université IBN ZOHR Agadir. 22-27 Mars.

7. Alilou H., Rouhi R. et Idrissi Hassani L. M., 2003 : Effet de la pollution minière sur l'anatomie, la phytochimie et les paramètres stomatique chez l'arganier. Semaine Nationale de la Science sous le thème « La science pour tous » Agadir. 24-29 Mars.

8. Rouhi R., Tahrouch S., Mayad H. Alilou H. et Idrissi Hassani L. M 2002 : Anatomie et phytochimie de l'arganier. Deuxième colloque international sur les substances naturelles (CISN2), Meknès. 20-21 Septembre.

Liste des figures

Liste des tableaux

Tableau 1 : Analyse de la moyenne des densités, des longueurs et des largeurs des stomates des feuilles d'Arganier.

Tableau 2 : Résultats spectrophotomètriques des teneurs en flavonoïdes totaux des feuilles d'arganier pour les trois stations étudiées.

Tableau 3 : Teneurs en anthocyanes et en aglycones des feuilles d'arganier des trois stations étudiées.

Tableau 4 : Tableau représentatif des résultats obtenus après test des saponines pour les trois stations.

Tableau 5 : Tableau récapitulatif des principales classes des métabolites secondaires des feuilles d'arganier dans les trois stations étudiées.

Table des matières

Chapitre III : Etude Phytochimique

Troisième partie : Résultats et discussions

Liste des abréviations

AcEt : Acétate d'éthyle

AD : Admine

AG : Agadir

CC : Chromatographie sur Colonne

CCM : Chromatographie sur Couche Mince

CHCl₃ Chloroforme

CP : Chromatographie sur Papier

FeCl₃ : Chlorure ferrique

GU : Guelmim

HCl : Acide chlorhydrique

HCN : Cyanure

Imz : Imouzzer

MeOH : Méthanol

NaOH : Soude

NEU : 2 Aminoéthhyl-diphénylborate

NH₃ : Ammoniac

NH₄OH : Ammoniaque

nm : nanomètre

Rf : Rapport Front

Statistica : Logiciel informatique des études statistiques

UV : Ultra violet

µm : Micromètre

Résumé

L'étude anatomique de l'appareil végétatif de l'arganier a montré une structure typique de Dicotylédones et de la famille des Sapotacées. Les laticifères sont présents dans l'écorce, le liber et la moëlle de la tige, la feuille et la racine. Cette dernière montre une couche épaisse de suber avec un sclérenchyme abondant au niveau du cylindre central. L'absence des fibres de sclérenchymes de la feuille et la présence d'une couche de parenchyme palissadique plus allongée sur la face supérieure que sur la face inférieure ont été bien remarqués.

Pour s'adapter aux conditions difficiles (pollution minière), l'arganier augmenterait la densité des stomates en réduisant leur largeur et leur longueur. Les arbres de la station de Guelmim (Abainou) qui sont les plus touchés par la pollution minière ont un système de contrôle plus efficace qui limiterait l'ouverture de ses stomates. La diversité intrapopulation influencerait la densité des stomates sans tenir compte de la pollution minière, mais elle dépend de cette dernière pour la largeur et la longueur des stomates.

L'étude phytochimique a montré que les principaux métabolites secondaires existant chez l'arganier sont les flavonoïdes. Signalons que les plantes réagissent aux agressions de l'environnement (pollution minière) en augmentant leur taux de polyphénols, ce qui explique la plus forte teneur en flavonoïdes chez les arbres de la station de Guelmim.

Mots clés : Anatomie - Arganier - Flavonoïdes - Phytochimie - Stomates.

INTRODUCTION GENERALE

Introduction générale

Le genre *Argania* de la famille des *Sapotaceae* compte une seule espèce *Argania. spinosa* L. Skeels, (Boudy, 1950 ; Sauvage et Vindt, 1952). C'est une espèce endémique du sud ouest marocain.

A travers l'exploitation du bois, du fourrage, de l'huile et d'autres usages bien ancrés dans les us et coutumes de la région, et réciproquement l'arganier dépend de cette même population pour s'éterniser dans le temps.

Indifférent aux caractéristiques du sol (Nouaim, 1994), l'arganier est typiquement un arbre de bioclimat aride à été sec et très chaud et à hiver doux. Le bois de l'arganier est de couleur jaunâtre très compact et de grande dureté (Rieuf, 1962) ; il n'est utilisé que pour la fabrication de petits objets d'artisanat et comme bois de feu (Giordano, 1980).

Ainsi, les études qui ont menées sur cet arbre ont pu toucher une gamme étendue de ces différents aspects. Cependant les études concernant la réponse adaptative de l'arganier vis à vis des conditions extrêmes, surtout la pollution minière, sont à nos connaissances rares et fragmentaires. Ainsi, nous avons jugé important d'étudier l'impact de la pollution minière sur l'arganier et de comprendre la nature de la réponse de celui-ci dans un environnement pollué. La station de Guelmim (Abainou) : Sud Ouest du Maroc, environ 250 km d'Agadir comprend de nombreux arbres épars issus d'une population naturelle. Certains d'entre eux sont soumis à une forte poussière due à l'exploitation de carrières de mines à proximité. Les autres stations (Agadir et Imouzzer) sont également des populations naturelles. Mais celle d'Imouzzer est située en pleine nature (50 km Nord Est d'Agadir) et loin de toute agglomération et de toute source de pollution. La station d'Agadir est à proximité de cette grande agglomération.

La densité, la longueur et la largeur des stomates des feuilles de l'arganier sont les paramètres qui ont fait l'objet de notre étude dans ces trois régions.

En outre, nous avons choisi l'étude phytochimique en focalisant sur le screening phytochimique pour pouvoir prospecter les différentes classes des substances secondaires à savoir : les alcaloïdes, les flavonoïdes, les saponines, les tanins, les terpènes, les quinones libres, les coumarines et les composés cyanogénétiques de l'arganier connues pour leur rôle de défense (Ribéreau-Gayon et Peynaud., 1968), de coloration des organes des végétaux, de taxonomie et de leur application à la génétique. Ces métabolites secondaires sont utilisés aussi comme antiviraux, antiinflammatoires, anticancéreux et antispasmodiques (Asad et *al.*, 1998). Une étude qualitative se basant sur le principe de présence ou absence de ses composés secondaires et quantitative (aglycones, anthocyanes et flavonoïdes totaux) ont pour but principal de définir les types des polyphénols existant chez les feuilles d'arganier d'une part, et d'autre part, de comparer les trois régions étudiées à savoir : Guelmim, Admine et Agadir, permettant ainsi de tester l'influence de la pollution minière.

L'étude anatomique des différents organes de l'arganier (tiges, feuilles et racines) en comparant les trois régions : Guelmim, Imouzzer et Agadir, a également fait l'objet de cette présente étude.

PREMIERE PARTIE

ETUDE BIBLIOGRAPHIQUE

Chapitre I : Monographie de l'Arganier

1. Taxonomie et caractères botaniques

1.1. Taxonomie

L'arganier (*Argania spinosa* L. Skeels) est la seule espèce de genre Argania, de la famille des « *Sapotacées* » et de l'ordre des « Ebénales ».

L'arganier en français tire son nom de l'arbre « Argan », l'origine du nom d'arabe se trouve probablement dans le mot « irgen » qui désigne en berbère «tachelhait», qui est le noyau en bois dur de fruit de l'arbre, d'où les berbères tirent une huile réputée huile « d'argan ».

Il existe deux formes d'arganier l'une dite pleureur, l'autre dressé (Rouhi, 1991), ceci supposerait l'existence de deux variétés, ou races biologiques au sein de l'espèce.

L'arbre présente une structure typique de dicotylédone, de la famille des «*Sapotacées*», le genre « Argania » est très polymorphe et on ne la trouve que sur des vastes étendues dans le Sud du Maroc. C'est la représentation la plus septentrionale d'une famille qui ne compte guère que des représentants tropicaux. Son aire de répartition pose problème, car l'arganier est séparé des autres arbres de sa nombreuse famille, par plusieurs milliers de kilomètres (Lewalle, 1991) ;

- **Embranchement :** Spermaphytes.
- **Sous-embranchement :** Angiospermes.
- **Classe :** Dicotylédones.
- **Sous-classe :** Gamopétales.
- **Série :** Superovariées pentacycliques.
- **Ordre :** Ebénales.
- **Famille :** Sapotacées.
- **Genre :** Argania.
- **Espèce :** *Argania spinosa* L. Skeels.

- **Variétés :** *A. Sidéroxylon* Rom et Schlt. *A. Sidéroxylon spinosium* L. Sp.
- **Nom vernaculaire :** Argan (Berb).

1.2. Caractères botaniques et dendrologiques

L'arbre ressemble quelque peu à un olivier, il atteint 8 à 10 mètres de haut et plus selon les conditions écologiques du milieu. La cime est très grande et étalée, dense et à contours arrondis en général ; le tronc est très vigoureux et court, il est constitué assez souvent par plusieurs tiges entrelacées provenant de la soudure de rejets très voisins ou de tiges issues d'un même noyau (Boudy, 1952).

L'écorce du fût et des grosses branches est rugueuse, et présente un aspect du type « peau de serpent ». Les ramifications sont très denses, les extrémités des rameaux sont souvent épineuses (Nouaim et *al.*, 1991). Le feuillage est persistant. Toutefois, en cas de sécheresse sévère et prolongée, l'arbre peut perdre ses feuilles entièrement ou en partie (caractère d'adaptation assez poussé aux mauvaises conditions climatiques ou stationnelles telle que le déficit hydrique du substrat).

Souvent réunies en fascicules, entières lancéolées, lancéolées-oblongues ou spatulées, atténuées ou plus ou moins nettement pétiolées, les feuilles sont vert sombre à la face supérieure, plus claires en dessous, glabres, avec une nervure médiane très nette et des nervures latérales très fines et ramifiées (M'Hirit et *al.*, 1998).

L'arganier est une espèce monoïque, à fleurs hermaphrodites, les inflorescences se présentent en glomérules axillaires, composées chacune de 5 sépales pubescents succédant à 2 bractées. La corolle en cloche est formée de 5 pétales, arrondis, blancs ; les étamines (5) sont à filets courts et portent une grosse anthère mucronée ou obtus.

L'ovaire pubescent et supère est surmonté d'un style court et conique, également ou dépassant les étamines (M'Hirit, 1989).

La floraison de l'arganier a lieu généralement au printemps, voire en automne selon les conditions climatique.

19

La pollinisation anémophile à 80% et entomophile a 20% (Thierry, 1987).

Le fruit de l'arganier est une baie, de forme assez variable (ovale-arrondi, en fuseau court, ovale apiculé...), de couleur verte à jaune claire, et dont la taille va de l'olive à la noix. Il se compose d'un péricarpe charnu et d'un noyau central très dur.

Au centre du fruit se trouve une amande, qui est constituée d'un complexe de plusieurs graines concrescentes. Cette graine composée ne possède habituellement qu'un ou deux embryons ; elle est albuminée et gorgée d'huile (Nouaim et al., 1991).

L'enracinement de l'arganier est très développé, il peut être traçant lorsque les roches dures s'opposent à son extension, ce qui lui permet de profiter même des faibles quantités de pluie. Le tempérament de cette espèce fort ancienne est extrêmement robuste ; Il rejette abondamment de souches, et constitue un hérisson végétal dans le volume croit régulièrement, ce qui met les pousses centrales hors de portée de la dent des animaux (Riedacker et al., 1990).

La longévité de l'arganier n'est pas connue avec précision. Toutefois, la résistance physiologique peu commune de l'espèce laisse croire que l'âge de l'arganier peut dépasser 200 à 250 ans voir plus après la coupe (M'Hirit et al., 1998).

2. Aire de répartition géographique de l'arganier

Au Maroc, l'arganeraie s'étend sur 828.500 ha (Ayad, 1989), seulement beaucoup d'auteurs s'accordent a pensé que de nombreux secteurs, notamment toute la partie méridionale autour de la province d'Agadir, présente une faible densité en arbres, les estimations font état de 500.000 ha (De Ponteves et al., 1990 ; Lewalle, 1991).

3. Ecologie de l'arganier

3.1. Les conditions climatiques

L'arganier est une espèce thermoxérophyle, dont l'aire de répartition chevauche à la fois avec les bioclimats semi-aride, (dont les précipitations moyennes annuelles sont comprises entre 290 et 400 mm et la température moyenne annuelle la plus basse et le plus souvent supérieure à 7°C), et aride (qui occupe les deux tiers de l'arganeraie avec une précipitation moyenne oscillant entre 150 mm et 300 mm et la température moyenne du mois le plus froid entre 3°C et 7°C). En outre, l'arganier supporte convenablement les températures élevées et s'adaptes aux périodes de sécheresse prolongées, grâce a sa faculté de défoliation (Peltier, 1982).

Le paramètre clé de l'écologie de l'arganier, semble être lié à l'humidité de l'air, due aux fréquentes rosée matinale (spécialement en été), ou les brumes et brouillards pouvant se maintenir une grande partie de la journée, limitent ainsi son insolation et l'élévation de la température. Cette océanité semble réguler la répartition de l'arganier au sud du Maroc (Nouaim et *al*, 1991).

En altitude, c'est le froid qui détermine la limite supérieure de l'arganier. Cette dernière ce confond avec les basses neiges (Emberger, 1925), soit 900 m dans le haut Atlas (Nouaim et Chaussod, 1993) et 600 m au Sud du Maroc (Peltier, 1982).

3.2. Particularités édaphiques

L'arganier pousse sur tous les types de sols, y compris les sols salés (Nouaim et *al*, 1991). On le retrouve sur les schistes, les roches calcaires et les alluvions.

Cependant, il semble exclure les sols à sable mobile (Nouaim et Chaussod, 1993).

Par ailleurs l'arganier semble supporter une large gamme de PH allant de 4.6 à 7.5 (Nouaim et *al*, 1991).

3.4. Ecophysiologie de l'arganier

Les travaux récents sur l'écophysiologie de l'arganier sont dus à El Aboudi (1990), et conduisent aux résultats suivants :

> ➢ L'arganier à une résistance stomatique voisine de 200 $s.m^{-1}$, valeur habituelle chez les arbres, qui n'est ni particulièrement faible, comparativement aux arbres

21

feuillus des régions tempérées (+/- 50 s.m^{-1}), ni particulièrement élevée comparée aux conifères.

➢ Les stomates s'ouvrent et se ferment principalement sous l'action de l'éclairement, caractère ordinaire des espèces végétales.

➢ La transpiration diurne entraîne la chute du potentiel hydrique foliaire.

➢ Le potentiel hydrique foliaire, fortement corrélé à la transpiration, peut atteindre-3.5 MPa en milieu de journée. L'arganier tolère un tel potentiel sans fermeture stomatique, En revanche, si l'on suspend l'alimentation en eau en coupant des rameaux, la fermeture des stomates est observée tandis que le potentiel hydrique foliaire tombe au-dessous de - 3.5 MPa.

➢ Le système racinaire de l'arganier est très mal connu, en dépit de son importance pour l'alimentation en eau et en éléments minéraux de l'arbre. On sait que l'arganier possède un système racinaire de type pivotant, pouvant descendre à de grandes profondeurs ; des chiffres de l'ordre de 30 mètres ont été avancés.

En outre, l'arbre possède un réseau dense de racines superficielles ayant une bonne capacité de renouvellement, des racines fines apparaissant après chaque épisode pluvieux. Enfin, ce n'est qu'en 1988 que les observations de Nouaim et Perrin ont mis en évidence une symbiose racinaire de type endomycorhizienne, ces derniers jouent probablement un rôle dans la résistance de l'arbre à la sécheresse et dans sa nutrition minérale (Nouaim et *al.*, 1991).

En conséquence l'arganier n'est pas particulièrement économe en eau jusqu'au début de la saison sèche (M'Hirit et *al*, 1998).

Chapitre II : Anatomie et étude des stomates

1. Anatomie des différents organes de l'arganier

1.1. Tige

La tige principale ou le tronc, les tiges secondaires, les branches et les rameaux constituent la ramification de l'arbre. La taille des rameaux fils est égale (ramification isotone) ou inégale (ramification anisotone) (Camefort, 1977).

Chez l'arganier la ramification de l'arbre lui confère une allure globuleuse, pouvant varier en fonction des conditions écologiques. On ce qui concerne la hauteur il peut atteindre 8 à 10 m (Chernane et *al.*, 1999), la cime est dense et arrondie; le port qui est en relation avec l'importance de la ramification d'une part et de l'intensité de la croissance en langueur et en épaisseur d'autre part, dépend de l'importance de la distribution de différents éléments de l'ensemble caulinaire (Gorenflot, 1986): il est soit pleureur, soit dressé et épineux ; le tronc est court et constitué par plusieurs tiges entrelacées. Les rameaux, dont l'élongation débute après les premières pluies et s'arrête vers la mi-juin sont généralement très épineux et se termine par une forte épine (Leonard, 1987). L'écorce est craquelée, le bois est très compact, sans aubier, jaunâtre, lourd de densité de 0.9 à 1. Sa charge de rupture est de 1250 à 1500 Kg/cm^2 (Rieuf, 1962). En raison de la mauvaise conformation du fut il n'est utilisé que pour la fabrication des petits objets d'artisanat et comme bois de feu (Giordano, 1980).

Avella et *al.,* (1999) ont bien étudié l'ultra structure de bois d'un échantillon de l'arganier à l'aide des coupes transversales tangentielles et radiales, et des observations par microscope électronique à balayage. Les résultats ont montrés que :

La coupe transversale révèle une macroporosité faible (20.48 % mesuré à l'analyseur d'images). Les vaisseaux sont groupés en amas et de petite taille. Le parenchyme axial est apotrachial en bandes tangentielles irrégulières.

Les fibres possèdent une paroi fortement épaisse et le lumen est extrêmement réduit. Toutes ses caractéristiques sont responsables de la masse volumique très élevée ($860 Kg/m^3$ à 12 % d'humidité).

La coupe tangentielle montre la présence de rayons hétérogènes unisériés et plurisériés (2-3 cellules).

La coupe radiale met en évidence la présence de nombreuses ponctuations inter vasculaires de petite taille, allongés, alternés. Les perforations des vaisseaux sont de type simple. Les ponctuations du champ de croisement vaisseaux/rayon ainsi que les ponctuations du croisement vaisseaux/parenchyme axial sont en revanche très grande, à dense circulaire.

On ce qui concerne les constituants de la tige Rouhi (1991), à l'aide des coupes anatomiques, a pu révéler une structure typique de dicotylédones et de la famille des Sapotacées, avec l'existence des laticifères qui contiennent des cristaux groupés ou solitaires. En utilisant comme colorant de ces derniers l'arcanette acétique ou le soudan-chloral (Gentil, 1906).

1.2. Feuilles

Chez les dicotylédones les feuilles sont produites par l'anneau initial du point végétatif des tiges. Camefort (1977) et Gorenflot (1986) ont montré que leur formation se fait en deux phases :

Un début de développement qui est caractérisé par une activité mitotique intense dans une portion bien localisé dans l'anneau initial fait sailli à la surface le primordium foliaire qui se développe suite à une division cellulaire, et en parallèle on a une différenciation de nervure et apparition de faisceaux de precombium. Et après l'étape de primordium foliaire on a la formation des différentes parties de la feuille : limbe, pétiole et la gaine (si elle est présente).

Les feuilles de l'arganier sont de deux types : simple alternées, ou groupées en rosettes. Elles coexistent sur le même arbre et peuvent persister, mais elles peuvent aussi tomber suite à une forte sécheresse. (Tahrouch, 2000). Elles ont de tailles et formes différentes (Rieuf, 1962) : lancéolée, elliptique, ovale, filiforme, spatulée ou acuminée. L'épiderme et généralement simple, mais il peut être composé.

Le limbe de l'arganier présente un épiderme unisérié et glabre, sans hypoderme. Il présente une nervation de type pennée.

La feuille est de couleur vert sombre à la face supérieure, et vert clair à la face inférieure.

Le mésophile peut avoir une structure équifaciale contenant un tissu lacuneux à cellules de formes variables, entouré de tissu palissadique à une seule face (face abaxiale) ou deux assises de cellules allongées radialement (El Aboudi, 1990).

Les laticifères sont présents au niveau du mésophile. (Gentil, 1906) (El Aboudi, 1990).

Le parenchyme palissadique peut se situer sur la face supérieure chez certaines feuilles, tandis que chez d'autres, il se situ sur les deux faces (Rouhi, 1991).

1.3. Racine

Chez l'arganier, la racine peut être considérer comme l'organe spectaculaire de l'arbre grâce à son système racinaire puissant, souvent traçant (Rieuf, 1962) et de type pivot.

Le suivie de la croissance du système racinaire en minirhizotran (Chaussod et Nouaïm, 1991) a révélé la croissance très rapide de celui-ci par rapport à la partie aérienne, de plus d'1 cm par jour. Après 38 jours les paries aériennes de deux plantes avaient 8 et 12 cm de hauteur, leur racines primaires atteignant 48 et 53 cm de longueur. A la même date, la totalité du système racinaire mesurait 157 et 229 cm, soit prés de 20 fois la longueur de la partie aérienne.

La racine contribue au maintien du sol et permet de lutter contre l'érosion hydrique et éolienne qui menace une bonne partie de la région. Ainsi, qu'un système d'emmagasinage de l'eau pour le réutiliser pendant les longues périodes de sécheresse. Il a aussi la capacité de réaliser une symbiose remarquable avec les mycorhizes du sol. (Nouaim, 1994).

2. Etude des stomates

2.1. Définition

Selon Heller et *al.,* (1993) les stomates sont des dispositifs anatomiques formés de deux cellules de garde, réniforme, laissant entre elles une ouverture, l'ostiole, plus au moins fermée ou ouverte selon les conditions (8µm à l'ouverture maximale). La paroi des cellules de garde est plus épaisse que celle des cellules épidermiques voisines, surtout sur les faces qui délimitent l'ostiole ; cette particularité morphologique joue un rôle capital dans le mécanisme d'ouverture. Sous les cellules de garde, une vaste lacune : la chambre sous stomatique. Ainsi la forme des stomates aquifères mais avec une différence essentielle : l'ouverture des stomates est variable selon les conditions (Figure 1).

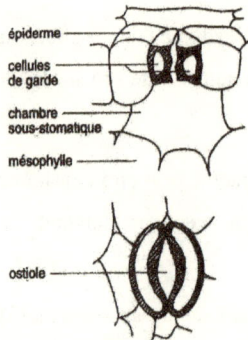

Figure 1 : Ultrastructure de stomate d'après Heller et *al.,* (1993)

2.2. Historique

Depuis longtemps les stomates sont connus sous le nom des « pores au niveau de la peau qui recouvre les feuilles » (Grew, 1682). Il faut attendre 145 ans (en 1827) pour que le terme « stomates » désigne ces pores à l'aspect de bouche présent au niveau de l'épiderme des parties aériennes et chlorophylliennes des végétaux, et puis le terme sera rapidement employé pour désigner l'ensemble des pores et des cellules réniformes bordant ce pore ou ostiole, et appelées cellules stomatiques ou cellules de garde.

Et les recherches se poursuivaient jusqu'à 1889 pour démontrer « les quatre formes d'appareil stomatique » reconnaît chez les angiospermes (Vesque, 1881). Parmi ces chercheurs on peut citer Nägeli (1842), Karsten (1848) et surtout Strasbourger (1866).

➢ Forme renonculacée : cellule-mère spéciale détachée par une simple paroi en U ; stomates adulte entouré de plusieurs cellules épidermiques disposées sans ordre.

➢ Forme crucifère : cellule-mère spéciale découpée dans la cellule-mère primordiale par trois ou plusieurs parois inclinées les une sur les autres d'environ 60 degrés. Stomates adultes entouré de trois cellules accessoires, dont une ordinairement plus petites que les deux autres.

➢ Forme rubiacée : cellule-mère spéciale des stomates découpés dans la cellule-mère primordiale par deux parois parallèles. Stomates adultes accompagné de deux cellules accessoires parallèles à l'ostiole.

➢ Forme labiée ou caryophyllée : cellule-mère primordiale découpée dans la cellule-mère primordiale par deux cloisons en U contrariées, la seconde implantée par ses branches sur la concavité du premier stomate adulte, pour ainsi dire suspendu au milieu d'une cellule épidermique par deux cloisons perpendiculaires à l'ostiole, en d'autres termes, accompagnés de deux cellules accessoires perpendiculaires à l'ostiole.

Cette classification a été faite à base de certains critères bien définis : le nombre et la disposition des cellules épidermiques voisines, il désigne ces types stomatiques d'après le nom de la famille ou chaque type est mieux représenté.

Metkalfe et Chalk (1950), reprenaient la classification de Vesque dans leur ouvrage d'anatomie des Dicotylédones, distinguent quatre types stomatiques. Guyot (1966) donne les définitions suivantes :

> Type anomocytique (ou renonculacée) : les cellules voisines des stomates ne présentent aucun caractère distinctif.

> Type anisocytique (ou crucifère) : le stomate est entouré de trois cellules dont l'une est nettement plus petite que les deux autres.

> Type paracytique (ou rubiacée) : le stomate est entouré de deux cellules disposées parallèlement à l'ostiole.

> Type diacytique (ou caryophyllacée) : les deux cellules qui entourent le stomate ont leur paroi commune perpendiculaire à l'ostiole.

Mais cette classification n'est pas suffisante car il met en évidence seulement la structure des stomates adultes. La nécessité de tenir compte de leur ontogenèse : type stomatique donné peut en effet résulter de modes de développement, est nécessaire.

Plus récemment Van Cotthem (1970), puis Fryns-Claessens et Van Cotthem (1973) proposent une nouvelle classification des stomates résultant d'une compilation de la littérature et de la découverte de nouveaux types stomatiques. Une nouvelle terminologie est crée à cet effet : les trois catégories fondamentales (périgène, mesopérigène et mésogène), ces trois types ontogéniques sont déjà reconnus par Pant et Mehra (1964) et définis par Guyot (1966) comme suit :

❖ Type mésogène : lorsque les cellules stomatiques et les cellules voisines sont formées à partir du cloisonnement d'une même cellule initiale.

❖ Type périgène : lorsque les cellules voisines du stomate ne sont pas issues du cloisonnement d'une cellule, mais sont formées à partir des cellules épidermiques qui entourent la cellule-mère du stomate.

❖ Type mésopérigène : lorsque les cellules qui entourent le stomate ont une double origine : cellules épidermiques voisines de la cellule-mère, et cellules issues de la même cellule initiale qui a donné la cellule-mère du stomate.

2.3. Les mécanismes des mouvements stomatiques

L'étude de la physiologie des stomates paraît primordiale pour bien connaître ces mécanismes de fonctionnement.

A ce propos, on résume les principales hypothèses des mécanismes des mouvements stomatiques, afin de définir le cadre dans lequel seront interprétés nos résultats.

Selon Humbert (1976) les hypothèses anciennes se basent sur les théories photosynthétiques (ou assimilatrices) considérés comme premières hypothèses expliquant les mouvements des stomates qui sont la conséquence d'une différence des pressions osmotiques entre les cellules stomatiques et les cellules épidermiques voisines. Les substances osmoactives nécessaire à l'élévation de la pression de turgescence seraient fournies, à la lumière, par les chloroplastes des cellules stomatiques par le jeu de la photosynthèse.

Pour la théorie classique (ou enzymatique) l'explication a été bien analysée par un schéma, au centre de laquelle se trouve la transformation enzymatique amidon $\leftrightarrows$ sucre (Louguet, 1974).

Heath (1959) a répertorie une dizaine de stimuli extérieurs ayant une action sur les mouvements des stomates :

- ➢ La lumière (intensité, durée et qualité)
- ➢ La température
- ➢ Le pouvoir évaporant de l'air
- ➢ Le potentiel hydrique de la feuille
- ➢ Le gaz carbonique
- ➢ L'oxygène
- ➢ Les chocs (thermiques, électriques et mécaniques)
- ➢ Les variations de PH
- ➢ Les ions
- ➢ Les narcotiques

Parmi ces facteurs expérimentaux, deux ont une importance primordiale : la lumière et le CO_2, un troisième, le potentiel hydrique de la feuille pouvant avoir une action limitant sur les deux premiers.

On ce qui concerne les théories modernes, le rôle des cations constitue un élément majeur du mécanisme des mouvements des stomates. Citons le rôle primordiale de potassium dans leur ouverture (Imamura, 1943 ; Yamashita, 1952).

L'accumulation d'ion K^+ dans les cellules stomatiques lors de l'ouverture et leur sortie au moment de la fermeture sont confirmées par des analyses à l'aide de la microsonde électronique par Humble et Raschk (1971), Raschk et Fellows (1971).

Le transport actif de K^+ serait assuré par une ATP-ase de transport membranaire. L'ATP nécessaire serait fournie par photophosphorylation (Pallas, 1972). Sans oublier le rôle du CO_2 qui est en relation avec la lumière qui est à son rôle influence l'ouverture des stomates.

L'addition d'ATP à la lumière et à l'obscurité, et d'ADP à la lumière dans le milieu renfermant également du potassium stimule l'ouverture des stomates.

2.4. La Régulation stomatique et la limitation des pertes d'eau

Lorsqu'un déficit hydrique survient, la réduction de l'ouverture stomatique permet de préserver rapidement l'état hydrique de la plante, mais s'accompagne d'une réduction des échanges gazeux et, par voie de conséquence, de la photosynthèse.

Le degré de fermeture et d'ouverture des stomates varie avec les espèces végétales et peut être total ou partielle. Chez certaines espèces, dès que le déficit hydrique s'installe, un flétrissement des feuilles se manifeste. Chez d'autres, le flétrissement foliaire n'apparaît que dans des conditions extrêmes de sécheresse (Gharti-Chherti et Lales, 1990). Le principe de fonctionnement des stomates repose essentiellement sur les variations du potentiel de turgescence dans les cellules de garde. Celles-ci sont déterminées par de nombreux facteurs dont certains sont liés à l'environnement et les autres à la plante elle-même (Ben Naceur, 1994).

Par exemple, l'obscurité entraîne généralement, la fermeture des stomates sauf chez les plantes à métabolisme photosynthétique du type CAM, qui ouvrent leurs stomates la nuit et les ferment le jour. Il s'agit d'une adaptation de ces plantes aux conditions d'aridité.

D'autre part, divers auteurs attribuent le mécanisme de fermeture des stomates à un contrôle hormonal (acide abscissique et cytokinine) (Johnson-Flanagan et *al.*, 1992 ; Ober et Setter, 1990 et 1992 ; Ribaut et Pilet, 1991 ; Tardieu et Davies, 1992 ; Tardieu et *al.* 1990), à une accumulation ionique (K^+, H^+, CL^-, malate...) (Alarcon et *al.*, 1993), ou à l'effet des radiations monochromatiques bleus et rouges (Laffray et Louguet, 1986). Cette dernière hypothèse est reprise par Peterson et *al.*, (1991).

Le comportement écophysiologique de l'arganier par rapport à l'eau n'a pas été étudié jusqu'à présent, contrairement à celui d'arbres et arbustes méditerranéens et désertiques (Riedacker et *al.*, 1990).

Parmi ceux-ci, beaucoup montrent, au cours de l'avancement de la saison sèche, une chute de leur potentiel hydrique de base, liée à l'assèchement du sol ; en même temps la conductance stomatique maximale diminue, ce qui limite la transpiration malgré la forte demande évaporative : en conséquence la transpiration est souvent plus faible en été qu'au printemps (Gigon, 1979 ; Roberts et *al.*, 1981 ; Losch et *al.*, 1982 ; Torrecillas et *al.*, 1988a, 1988b ; Wartinger et *al.*, 1990).

Les mesures de transpiration faites sur l'arganier en début et en cours de la saison sèche ont donné des valeurs maximales de 200 mmol H_2O m^{-2} s^{-1} et 120 mmol H_2O m^{-2} s^{-1}, respectivement : L'arganier n'est donc pas particulièrement économe d'eau (El Aboudi et *al.*, 1991).

Chez des arbres forestiers tempérés une valeur de l'écart journalier des potentiels foliaires inférieure à -0.4 MPa dénote le défaut d'ouverture stomatique (Aussenac et Granier, 1978).

Actuellement, aucune théorie ne permet de rendre compte de toutes les influences des facteurs écologiques et endogènes à la plante.

La figure 2 montre les mécanismes de résistance des plantes à la sécheresse selon (Nouri, 2002).

31

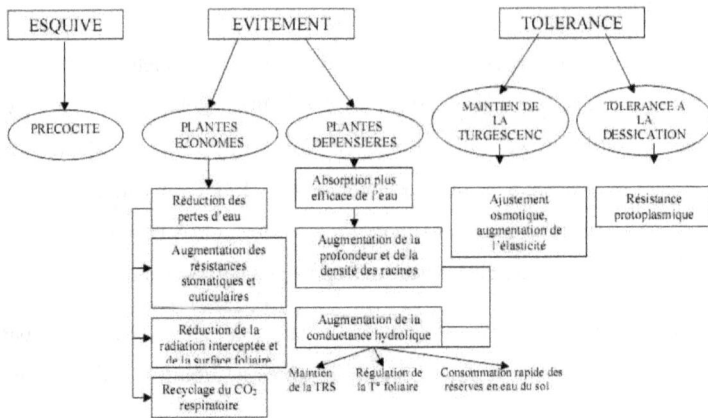

Figure 2 : Mécanismes de résistance des plantes à la sécheresse (Nouri, 2002)

Chapitre III. Etude phytochimique

1. Introduction

" Effectuer l'inventaire des composés phénoliques d'un tissu végétal est devenu un traitement beaucoup plus courant qu'il y a plusieurs années ; cependant il n'est pas toujours simple " (Ribéreau-Gayon et Peynaud, 1968).

Ribéreau-Gayon et Peynaud (1968), explique cette expression en considérant que les composés phénoliques possèdent un ensemble de propriétés importantes, et leur étude devient de plus en plus un outil dans des recherches plus générales de physiologie, de biologie et même de botanique, également de technologie alimentaire. Pour cette raison qu'il faut bien maîtriser en détail les réactions chimiques mises en œuvre dans les différentes opérations analytiques et les interprétés en fonction des propriétés du cycle benzénique et de fonction phénol. Comme il ne faut pas hésiter à connaître des notions de base de la chimie organique.

Tahrouch (2000) a défini les composés phénoliques comme étant les principes actifs de nombreux médicament : rutoside (flavonoïdes) isolé de plusieurs plantes (eucalyptus, sarrasin, sophora), extrait du mélilot titré en coumarine, pedophyllotoxine (lignane) extraite de la résine de podophylle.

Elle ajoute que les uns des plusieurs auteurs qui ont étudié les polyphénoles comme Monpon et *al.,* (1996) ont considéré ses composés comme des substances amères, astringentes ou sucrées, et aussi des aromatisants de choix.

Le nom le plus utilisé pour désigner les composés phénoliques des végétaux est « flavone » désignant soit une famille de composé ayant une structure C_6-C_3-C_6 particulière, soit plus spécialement l'une de ces substances qui est connu et existe dans la nature, mis n'est pas phénolique (Ribéreau-Gayon et Peynaud, 1968).

2. Propriétés biologiques des composés phénoliques

2.1. Rôle des flavonoïdes dans la coloration des végétaux

Les flavonoïdes, sont avec les chlorophylles et les caroténoïdes, les principaux facteurs de la coloration des plantes. Ces substances sont responsables, pour la plus grande part, des colorations rouges, bleues et violettes des organes végétaux ; elles participent également aux colorations jaunes mais, dans ce cas se sont les caroténoïdes qui jouent le rôle le plus important.

2.2. Utilisation taxonomique des composés phénoliques

Les botanistes se sont toujours efforcés de donner une classification des espèces végétales dont le rôle est, non seulement de rapprocher celle qui présente des caractères communs, mais aussi de dégager l'évolution phylogénétique des espèces végétales.

Les composés phénoliques peuvent jouer un rôle très important en chimiotaxonomie végétale, en remplissant les conditions jouant le rôle d'indicateurs taxonomiques:

❖ Le composé chimique ne doit pas appartenir aux constituants principaux (Glucides, Acides organiques…).
❖ Réciproquement, il ne doit pas avoir une structure trop complexe, élaboré par un nombre restreint d'espèces particulières.
❖ Il doit s'accumuler et par conséquent intervenir de façon limitée dans les réactions du métabolisme.
❖ Il doit être facile à détecter.

(Bate-Smit et Meltcalfe, 1957 ; Bate-Smit, 1958 et 1962 b ; Swain, 1963 ; Alston et Turner, 1963 ; Lebreton, 1964 ; Lebreton et Meneret, 1964 ; Bate-Smith, 1965).

On peut donc donner des exemples des polyphénoles qui peuvent caractériser certaines espèces, familles ou ordres jouant le rôle des marqueurs biochimiques permettant ainsi, de différencier les plantes entre elles (Scalbert, 1993) ; se sont les

34

flavonoïdes, les coumarines les tanins, les acides phénols, les lignanes, les stilbènes, etc.

2.3. Applications des composés phénoliques à la génétique

Les généticiens ont toujours porté un intérêt particulier à la pigmentation des organes végétaux, d'une part il s'agit d'un caractère apparent facile à suivre, d'autre part l'obtention des variétés de fleurs présentant des colorations diverses est un problème d'un intérêt horticole évident.

Dans le cas des flavonoïdes, les différents composés naturels dérivent les uns des autres par des modifications structurales relativement simples ; il a été montré que, le plus souvent, à chacun des réactions chimiques élémentaires correspondantes, c'est-à-dire à chaque enzyme, est associé un seul gène.

2.4. Autres applications des composés phénoliques

L'utilité des composés phénoliques ne s'arrête pas sur ce qui est déjà mentionné mais elle peut être étalée sur la capacité de jouer le rôle des marqueurs de la maturation des fruits (Macheix et Flreuiet, 1993), ainsi qu'un rôle de la régulation de certain processus physiologique des plantes comme la croissance (Tamagone, 1998), la reproduction, etc.

Par la coloration des fleurs les polyphénoles peuvent aussi attirer les insectes et protéger les plantes contre leurs agressions. Ainsi qu'une protection contre les agressions biotiques et abiotiques.

A cette remarquable capacité des polyphénoles on peut ajouter leur intérêt partiel dans la qualité des produits consommés. Ainsi que leur effet toxique sur les insectes comme le cas des résines des conifères qui sont riches en limonènes, pinènes et les myrcènes (Luttgué et Bauera, 1992).

3. Déférents types des composés phénoliques

3.1. Tanins

Selon Ribéreau-Gayon et Peynaud (1986), étymologiquement les tanins sont des corps utilisés en tannerie et par conséquent ont la propriété de transformer les peaux animales fraîches en cuir imputrescible et peu perméable. Et selon Bate-Smith et Swain (1962), le mot tanin est largement utilisé en chimie végétale pour désigner un grand nombre de substances répondues dans les plantes, dont les propriétés sont voisines de celles des produits industriels, mais dont les aptitudes au tannage des peaux n'ont pas été vérifiées.

On distingue les tanins hydrolysables et les tanins condensés, selon la structure de leurs molécules :

Les tanins hydrolysables : ils présentent une structure plus simple. Ils se trouvent sous forme d'esters de glucides et d'acides phénols ou des dérivés d'acides phénols. La molécule de sucre est associée à l'acide gallique, l'acide ellagique, chébulique ou valonique.

Ces structures chimiques peuvent subir deux types d'hydrolyses, chimique (acide ou alcaline) ou enzymatique (Ribéreau-Gayon et Peynaud, 1968).

Les tanins condensés : ils proviennent de la polymérisation des molécules élémentaires qui possèdent la structure des flavan 3-ols ou les flavan 3-4 diols. Ces polymères catéchiques peuvent être hydrolysés en milieu acide fort pour donner des anthocyanides (proanthocyanides ou procyanides).

Leur intérêt médicinal réside essentiellement dans leur caractère astringent : leur propriété de coaguler les albumines des muqueuses et des tissus, en créant ainsi une couche de coagulation isolante et protectrice, ayant pour effet de réduire l'irritabilité et la douleur et d'arrêter les petits saignements. Les décoctions et les autres préparations à base de drogues riches en tanins sont employées le plus souvent extérieurement contre les inflammations de la cavité buccale, les catarrhes, la bronchite, les hémorragies locales, sur les brûlures et les engelures, les plaies, les inflammations dermiques, les hémorroïdes et la transpiration excessive (Peeking et *al.*, 1987).

3.2. Flavonoïdes

Historiquement, les flavonoïdes ont été étudiés, la première fois, pour leur pouvoir colorant. La chimie de ces composés a été établie plus tard et les premiers ouvrages sur les flavonoïdes datent du début de siècle (Willtsätter et Malison, 1915). Actuellement on peut évaluer le nombre des flavonoïdes à plus de 5000 composés (Harborne, 1993).

Se sont des composés phénoliques dont le squelette de base est composé de 15 carbones avec deux cycles aromatiques reliés par un pont de 3 C (Markham, 1982).

Ces composés sont rencontrés chez les plantes sous forme d'Aglycones ou hétérosides.

On cite les principales activités étudiées des flavonoïdes :

- Activités antifongiques (Swiader et Lamer-Zarawska, 1996)
- Activités antivirales (Ono et *al.*, 1990 ; Ono et Nakane, 1990)
- Activités anti-oxydantes (De Whally et *al.*, 1990 ; Oyama et *al.*, 1994 ; Wedworth et Lych, 1995 ; Morel et *al*, 1998 ; Miura et *al.*, 1995 ; 1998 ; Duthie et Dobson, 1999).
- Activités antiinflammatoires (Hiermann et *al.*, 1991 ; 1998).

3.3. Les composés cyanogénétiques

Ils sont caractérisés par leur toxicité vis-à-vis du bétail, des insectes et même de l'Homme. Cette toxicité est due au groupe cyanure qui forme un complexe avec cytochrome q3 qui se trouve dans la chaîne respiratoire.

3.4. Les terpènes

Ces substances appelées également terpènoïdes, constituent une importante classe de produits secondaires, hydrophobes quelquefois volatils et unis par une origine commune. Ils sont formés d'unités de cinq carbones, unité isoprène, libérée à haute température.

Les lactones sesquiterpèniques sont des métabolites présents chez de nombreuses familles de plantes, de champignons et de bryophytes, elles ont été mises en évidence chez les Angiospermes (*Apiaceae, Lauraceae, Menispermaceae, ...*) et très abondamment chez les *Asteraceae*.

DEUXIEME PARTIE

MATERIEL ET METHODES

Chapitre I : Anatomie des différents organes de l'arganier

1. Matériel végétal

Le matériel végétal est récolté au hasard en prenant quelques feuilles, tiges et racines de dix arbres différents à partir de trois stations : Agadir, Imouzzer et Guelmim (station Abainou). Les échantillons sont lavés avec de l'eau de robinet pour se débarrasser des poussières, puis fixés au F.A.A*, les coupes anatomiques sont effectuées à main levée puis colorées au carmino vert (Deysson, 1954). Elles ont concerné la racine, la tige et la feuille.

2. Obtention et coloration des coupes

Les organes à étudier étant souvent trop petits, on place alors l'objet entre deux morceaux de polystyrène. Saisissant le rasoir horizontalement, on sectionne la partie supérieure de l'objet (tige, feuille ou racine) afin d'obtenir une surface unie bien perpendiculaire (Deysson, 1954).

Les coupes sont traitées suivant le protocole de Deysson (1954) :

➢ Traitement par une solution diluée d'hypochlorite de sodium (eau de javel) pendant 15 à 20 minutes pour détruire le contenu des cellules.

➢ Lavage soigné des coupes dans deux bains d'eau distillée (pour éliminer les traces d'hypochlorite de sodium) successifs puis dans un troisième bain d'eau acétique à 1% pendant trois minutes (pour faciliter la fixation ultérieure des colorants sur les membranes).

➢ Traitement par le carmino vert, pendant 10 minutes.

➢ Lavage rapide à l'eau, pour éliminer l'excès de colorant et montage dans quelques gouttes de glycérine, entre lame et lamelle.

---

* *Formule en annexes*

Chapitre II : Etude des stomates de l'arganier

La technique des empreintes (Albino *et al*, 2000) qui a été effectuée afin de prélever des épidermes consiste à laver les feuilles avec de l'eau de robinet pour se débarrasser des poussières et à étaler du vernis sur les faces inférieures et supérieures de la feuille et à laisser sécher pendant quelques minutes. Les épidermes contenants les stomates sont facilement arrachés à l'aide d'une pince et montés entre lames et lamelles dans une goutte d'eau ou de glycérine.

La largeur et la longueur des stomates ont été mesurées à l'aide d'une lame graduée (une division correspond à 1µ) au microscope optique (Nikon). Cette étude a concerné 300 feuilles : dix feuilles par arbre et dix arbres par station. La collecte a été effectuée au mois de mai 2002.

Les observations et les photos sont faites au microscope optique aux grossissements 100, 200 et 400.

Les analyses statistiques (Comparaison des moyennes et des variances) sont faites à l'aide du logiciel Statistica, 5.1, Edition 98.

Pour calculer le nombre des stomates, il faut calculer en premier temps la surface de champ de vision (en mm^2) par la formule suivante :

$$S = (d/2)^2 . \Pi$$

La densité des stomates est ainsi calculée par la règle de trois :

$$n \longrightarrow S$$
$$x \longrightarrow 1 \ mm^2$$

n : nombre de stomates dans la surface S de champ de vision

x : nombre de stomates dans une surface de 1 mm^2

d : Diamètre de champ de vision

On signale que le dénombrement des stomates a été effectué pour cinq champs de vision différents de chaque feuille.

Chapitre III : Etude Phytochimique

1. Collecte et traitements de matériel végétal

La collecte des feuilles a été effectuée dans trois régions : Abainou (Guelmim), Admine et Agadir. Les trois régions présentent chacune des spécificités bien propres à elles. Abainou : feuilles poussiéreuses (Figure 3); Admine : feuilles non poussiéreuses (Figure 4), mais la collecte effectuée à Agadir n'a été prise que comme intermédiaire et pour comparaison.

Figure 3 : Photos d'un arbre poussiéreux prise près de la carrière d'Abainou.

Figure 4 : Photos d'un arbre non poussiéreux prise de la station d'Imouzzer

Nous avons pris 30 échantillons étalés sur les trois régions que nous avons séchés à l'étuve à 50°C pendant 24 heures. Les études phytochimiques consistent à prendre de chaque échantillon quelques feuilles et puis un broyage mécanique a été effectué. Quelques feuilles fraîches ont été concernées pour le test des composés cyanogénétiques.

L'extraction du matériel végétal a été réalisée en vue de déterminer la présence ou l'absence des alcaloïdes, des flavonoïdes, des coumarines, des saponines et des tanins. Cette extraction se base sur des protocoles déjà décrits dans la littérature et utilisés au Laboratoire. (Rizk, 1982 ; Al Yahia, 1986 ; Ribéreau-Gayon et Reynaud, 1968).

Les tests de détection sont généralement spécifiques et se basent sur des réactifs généralement appliqués sur des chromatographies sur couches minces (CCM)

2. Screening phytochimique

2.1. Les alcaloïdes

La préparation d'extrait méthanolique consiste à prendre 2 g de matériel végétal sec, finement broyé, ajoutons 100 ml de MeOH 50%, suivi d'une sonication pendant 15 min. On laisse sous agitation toute la nuit, et après filtration sur papier Whatman n°1 les extraits sont évaporés à l'aide d'un rotavapor Büchner HB-140. Les résidus sont enfin repris dans quelques ml de MeOH pur.

Les trois tests utilisés sont celui de Mayer*, de Dragendorff* et de l'Iodoplatinate* qui ont seulement un but qualitatif en se basant sur la présence ou l'absence des alcaloïdes. On note qu'on a pris comme référence l'extrait de graine de *Peganum harmala* étant donné leur richesse en alcaloïdes.

a- Protocole de Mayer

On ajoute à une quantité de 0.5 g des feuilles sèches finement broyées, 15 mL d'EtOH (70 %) et dans le but de détruire les parois cellulaires et libérer toutes les constituants qui baignent dans la vacuole, une sonication est effectuée pendant 15 min. Ensuite, les extraits sont laissés en agitation magnétique pendant toute la nuit, après une décantation complète on filtre sur papier Whatman n°1. L'extrait est évaporé à sec dans un rotavapor, le résidu récupéré dans quelques ml de HCl (50 %) est ensuite transvasé dans deux tubes à essai, l'un est utilisé comme témoin et on rajoute à l'autre le réactif de Mayer. L'apparition de précipité blanc traduit la présence des alcaloïdes.

---

* *Formules en annexes*

b- Protocole de Dragendorff

L'extrait MeOH est déposé sur gel de silice, on utilisant le solvant : AcEt/MeOH/NH$_4$OH 50 % (90/ 10 /10) pour la migration. Après celle-ci et séchage, le chromatogramme est pulvérisé par le réactif de Dragendorff. Une coloration orange vive indique la présence des alcaloïdes.

c- Protocole à l'Iodoplatinate

Il repose sur le même principe que celui de Dragendorff, sauf que la révélation se fait à l'aide du réactif de l'iodoplatinate de potassium et une coloration bleue à violette prouve la présence des alcaloïdes.

2.2. Les flavonoïdes

a- Hydrolyse acide

Elle consiste à broyer le matériel végétal déjà séché, à peser 2 g de poudre des feuilles et à les imbiber dans 160 ml de HCl 2N froid , puis à les porter au bain-marie à 100°C pendant 40 minutes, le milieu est régulièrement agité et oxygéné. Après refroidissement, le mélange est filtré à l'aide du papier Whatman. Cette hydrolyse acide transforme les proanthocyanes en anthocyanes et libère les aglycones flavoniques (Jay *et al.*, 1975).

✦ Extraction et dosage des aglycones flavoniques

L'extraction se fait par l'éther éthylique qui entraîne les aglycones libérés, la chlorophylle et plusieurs composés lipophiles. L'extraction est effectuée en ampoule à décanter ; l'affrontement par l'éther utilisé étant de 2 × 20 ml.

L'extrait à doser est repris dans l'EtOH 95% et le volume est ajusté. Les mesures sont effectuées au spectrophotomètre UV visible HP Vectra à barette diode entre 380 et 460 nm après un repos de solutions de 10 minutes. La teneur en aglycones exprimés en équivalent quercétine (flavonol) est calculée selon la formule suivante :

$$T \text{ (en mg/g)} = DO/ \; \varepsilon. \; M. \; V. \; d/p$$

ε : coefficient d'absorption molaire de la quercétine (ε =23000)

DO : densité optique au pic différentiel.

M : masse molaire de la quercétine (M=302)

V : volume de la solution éthanolique d'aglycones.

P : poids sec du matériel hydrolysé.

d : facteur de dilution nécessaire

✦ Extraction et dosage des anthocyanes

L'extraction se fait par le n-butanol. L'extrait méthanolique entraîne les anthocyanidines obtenu par hydrolyse acide ainsi que les C-glycosyl flavones.

Les proanthocyanes sont dosés par spectrophotomètre UV visible entre les longueurs d'ondes 380 et 460 nm, la teneur en proanthocyanes, exprimée en équivalent procyanidine est donnée par la formule suivante :

$$T \text{ (en mg/g)} = \eta \; DO/ \; \varepsilon. \; M. \; V. \; d/p$$

η : facteur de corrélation du rendement de la transformation des proanthocyanes

DO : densité optique à la longueur d'onde d'absorption maximale.

M : masse molaire de la procyanidine (M=306)

V : volume de l'extrait buthanolique.

d : facteur de dilution.

ε : coefficient d'absorption molaire de la cyanidine (ε =34700).

P : poids sec du matériel hydrolysé.

b- Dosages des flavonoïdes totaux

Le « blanc » est constitué de 100µl de NEU* et 2 ml de méthanol qui sont mélangés et placés dans une cuve au spectrophotomètre UV visible.

On calcule la DO de la quercétine (utilisée comme référence de mesure), ainsi que les extraits d'Admine, Guelmim et Agadir de la même façon, en utilisant trois répétitions à une longueur d'onde de 409 nm.

La teneur en flavonoïdes totaux est donnée par la formule (Hariri, 1991) :

$$\text{T Flavonoïdes (en\%)} = Aext . 0.05 . 100 / Aq . Cext$$

Aext : Absorption de l'extrait.

Aq   : Absorption de la quercétine (à concentration de 0.05 mg/ml).

Cext : concentration de l'extrait en mg/ml.

2.3. Les composés cyanogénétiques

3 g de matériel végétal frais sont pesés dans un tube à essai imbibé de $CHCl_3$. Ensuite, une bandelette de papier filtre imprégnée de picrate de sodium est placée en suspension dans le tube. Le passage au bain-marie à 35°C pendant 3 heures permet le virage de la coloration au rouge du papier (par production de HCN), ce que signifie la présence des composés cyanogénétiques. On utilise les amandes d'abricot comme témoin.

2.4. Les quinones libres

Le matériel végétal déjà séché, broyé et pesé à 1 g est pris dans un bécher contenant 10ml d'éther de pétrole. Après une agitation pendant quelques minutes, l'extrait est laissé décanter toute la journée et filtré à l'aide d'un papier filtre. L'extrait est divisé en deux : l'un constitue le témoin et on ajoute à l'autre quelque

---

Formules en annexes

gouttes de NaOH 1 / 10 N, le virage de la phase aqueuse au jaune, rouge ou violet signifie la présence de quinones.

2.5. Les coumarines

Une quantité de 2 g de matériel végétal séché est broyée et placée dans un bécher contenant 10 ml de CHCl₃ puis chauffée pendant quelques minutes. Après la filtration on effectue une CCM sur gel de silice, avec utilisation du solvant : toluène / acétate d'éthyle (93/7), la visualisation du chromatogramme se fait sous UV + NH₃ et sous UV à 366 nm.

Le test confirmatif de la présence des coumarines se fait par la préparation de 1g de matériel végétal dans quelques gouttes de H₂O, le tout est placé dans un tube à essai et couvert avec du papier filtre imbibé de NaOH dilué. Après ébullition et visualisation sous UV (365 nm) du papier filtre, toute fluorescence jaune signifie la présence des coumarines.

2.6. Les terpènes

Une quantité de 2 g de matériel végétal est placée dans un bécher contenant 10 ml d'hexane. Après quelques minutes de sonication, l'extrait est agité pendant 30 minutes et ensuite filtré. La CCM se fait sur gel de silice en utilisant comme solvant le benzène. Après une pulvérisation de la plaque avec le chlorure d'antimoine et chauffage à l'étuve à 110 °C pendant 30 minutes, la présence des terpènes est révélée par toute fluorescence sous UV à 365nm.

2.7. Les tanins

Le protocole expérimental utilisé consiste à prendre 1.5g de matériel végétal sec auquel est ajouté 10 ml de méthanol dans un bécher et après agitation pendant 15 minutes et filtration, l'extrait est divisé en deux : l'un est le témoin, et on ajoute à l'autre quelque gouttes de FeCl₃ à 1 %. Toute coloration bleue noire signifie la présence de tanins galliques et toute coloration brun verdâtre signifie la présence de tanins catéchiques.

2.8. Les saponines

A 2 g de matériel végétal sec est ajouté 100 ml de H_2O dans un bècher puis la solution est portée à ébullition pendant 30 minutes. Après refroidissement on filtre sur papier Whatman, et on ajuste après le filtrat à 100 ml avec de l'eau distillée. On utilise dix tubes à essai pour les trois échantillons ainsi que le témoin (Saponaire), on met dans les dix tubes 1, 2, 3, 4, 5, 6, 7, 8, 9, 10 ml de filtrat et on ajuste à dix ml pour chaque tube avec de l'eau distillée. Après une agitation violente et horizontale pendant 15s pour chaque tube on laisse reposer 15 minutes et on mesure la hauteur de la mousse résiduelle (en cm).

$$I = \text{Hauteur de mousse dans le 9éme tube } .10 / 0.09$$

Si l'indice de mousse est supérieur à 100 cela signifie la présence des saponines.

TROISIEME PARTIE

RESULTATS ET DISCUSSIONS

Chapitre I : Anatomie des différents organes de l'arganier

Les coupes anatomiques présentent une structure typique de dicotylédones et de la famille des *Sapotacées*. Toutes les *Sapotacées* possèdent des laticifères articulés, présents dans tous les parenchymes (Deysson, 1954 ; Crété, 1965), on observe aussi des laticifères dans l'écorce, le liber et la moëlle de la tige (Figure 5).

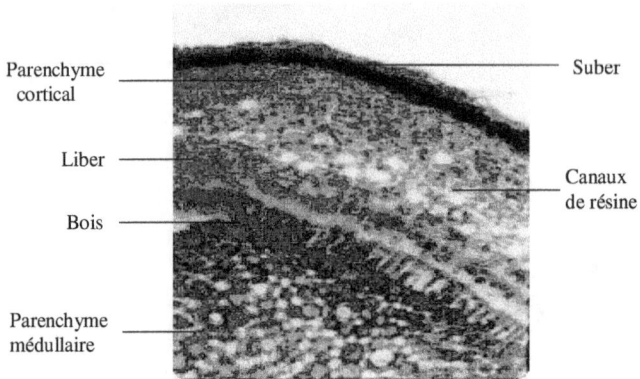

Figure 5 : Coupe transversale de la tige de l'arganier observée au microscope optique (G×100)

Cette structure typique des *Sapotacées* se retrouve dans les rameaux caractérisés par un sclérenchyme rare (uniquement au niveau du phloème sous forme d'amas). L'épiderme est remplacé dès les premiers stades par le suber. L'écorce et le cylindre central présentent de nombreux cristaux, des grains de sable groupés ou solitaires.

La racine adulte montre une couche épaisse de suber (parfois plus large que l'écorce) avec un sclérenchyme abondant au niveau du cylindre central (Figure 6), ce qui permet aux arbres le maintien du sol et la lutte contre l'érosion hydrique et éolienne qui menace une bonne partie de la région, ainsi qu'un système d'emmagasinage de l'eau pour le réutiliser durant les longues périodes de sécheresse (Nouaim, 1994).

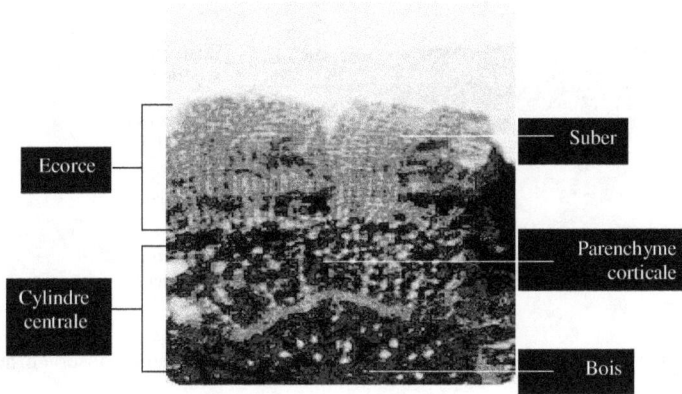

Figure 6 : Coupe transversale de la racine secondaire de l'arganier colorée en carmino-vert et observée au microscope optique (G×100)

Avella et *al.* (1999) ont bien étudié l'utrastructure du bois d'un échantillon de l'arganier à l'aide des coupes transversales tangentielles et radiales et des observations par microscope électronique à balayage. Les résultats ont montré la présence des dépôts de gomme et de pectine, la présence des cristaux n'a pas été observée, ce qui est en accord avec les résultats obtenus (Figures 7 et 8). En raison de sa mauvaise conformation, Giordano (1980) a signalé que le bois de l'arganier n'est utilisé que pour la fabrication des petits objets d'artisanat et comme bois de feu. Rieuf (1962) a une confirmation à ce propos : le bois est très compact, sans aubier, jaunâtre, lourd de densité de 0.9 à 1. Sa charge de rupture est de 1250 à 1500 Kg/cm^2.

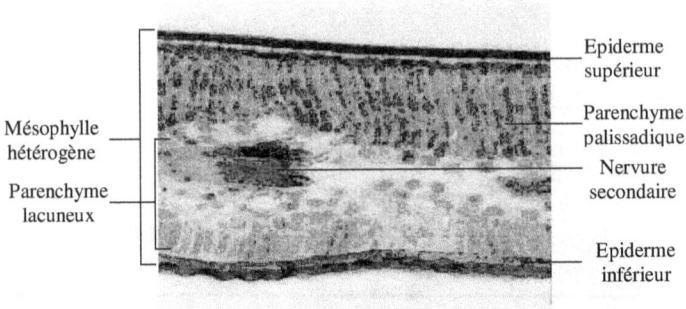

Figure 7 : Coupe transversale de mésophylle de la feuille d'arganier observée au microscope optique (G×400)

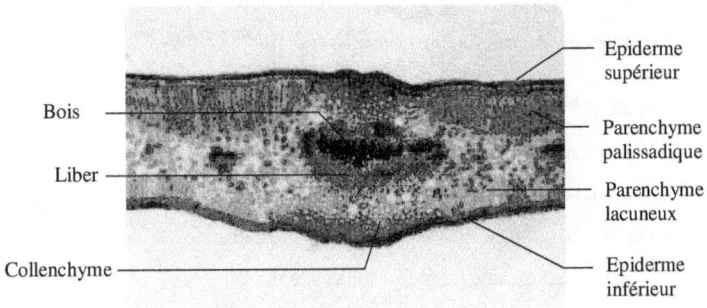

Figure 8 : Coupe transversale de feuille d'arganier observée au microscope optique (G×100)

La coupe des feuilles ne montre pas de fibres de sclérenchyme (Rouhi, 1991) même chez les individus de Guelmim, aire la plus septentrionale, ceci pourrait s'expliquer par le fait qu'en cas de conditions défavorables, les feuilles sont caduques donc elles n'ont pas besoin de sclérenchymes pour limiter le stress. On observe une nervure peu saillante sur la face inférieure formée d'un faisceau libéroligneux et soutenue par un collenchyme annulaire de chaque côté. On note la présence de quelques laticifères au niveau du parenchyme, ceci est bien illustré par Gentile (1906), El Aboudi (1990) et Rouhi (1991).

La couche de parenchyme palissadique est souvent plus allongée sur la face supérieure que sur la face inférieure où elle peut être parfois absente ce qui est en accord avec El Aboudi (1990) et Rouhi (1991).

Des poils unicellulaires bifurqués caractérisant les *Sapotacées* se trouvent sur la plupart des épidermes des feuilles et des tiges jeunes.

Les premières observations ne montrent pas une différence entre la structure des arbres au niveau des trois stations sauf quelquefois au niveau des feuilles où l'épaisseur du parenchyme palissadique est différente ainsi que celle du parenchyme lacuneux (figures 5, 6, 8 et 9). Cette différence est à confirmer par des analyses statistiques.

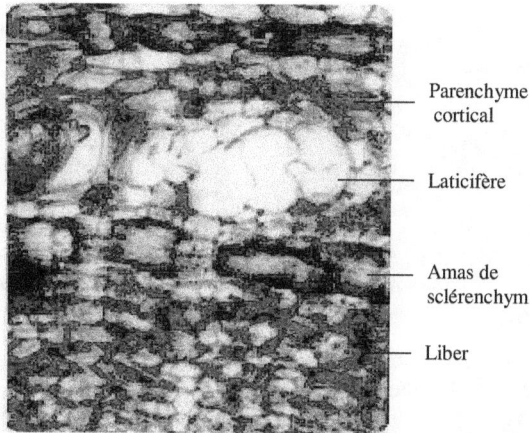

Figure 9 : Vue en section transversale illustrant les détails du parenchyme au niveau de l'écorce de la tige d'arganier (microscope optique G×400)

L'analyse des différentes structures tissulaires et la distribution de ces derniers dans les organes de l'appareil végétatif de l'arganier montre la capacité de cet arbre à survivre et à s'adapter aux conditions environnementales difficiles.

Chapitre II : Etude des stomates

L'observation des stomates sur un nombre important des feuilles montre qu'ils sont répartis sur toute la surface de l'épiderme, alors qu'ils sont absents dans les nervures. L'épiderme adaxial ne contient pas de stomates (Planche 12) au contraire de l'épiderme inférieur qui en contient un grand nombre (Planche 13), ceci est le cas pour la plupart des Dicotylédones. En signalant que ce n'est pas le cas pour d'autres, comme l'exemple de Kudzu tropical (De Pereira Netto et *al*, 1997) où on note la présence des stomates sur les deux faces de la feuille. La présence des stomates dans l'épiderme inférieur est considérée comme un mécanisme d'adaptation pour maximiser la conductance de la feuille en CO_2 lorsque la lumière et l'eau ne sont pas des facteurs limitants (Mott *et al.*, 1982).

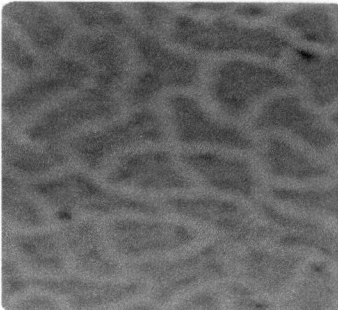

Figure 10 : Fragment d'épiderme adaxial de la feuille d'arganier dépourvu des stomates vu au microscope optique (G×400).

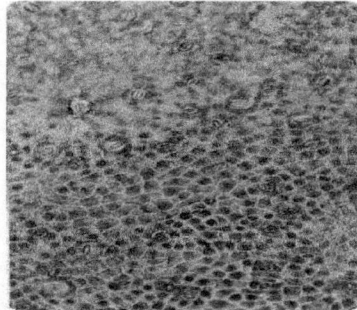

Figure 11 : Fragment d'épiderme abaxial de la feuille d'arganier montrant la présence des stomates vu au microscope optique (G×1000).

Les stomates sont anomocytiques de type Renonculacées : stomates entourés de cellules que rien ne permet de distinguer des autres cellules épidermiques (Figures 12 et 13).

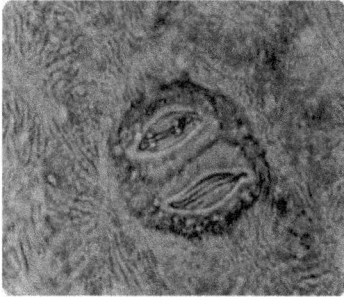

Figure 12 : Fragment d'épiderme abaxial de la feuille d'arganier illustrant des stomates ouverts vus au microscope optique (G×1000).

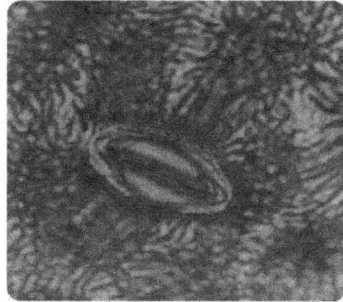

Figure 13 : Fragment d'épiderme abaxial de la feuille d'arganier montrant un stomate fermé vu au microscope optique (G×400).

La position des stomates dans l'épiderme leur permet de jouer un rôle important dans les échanges de gaz entre la plante et l'atmosphère. La figure 14 montre une coupe transversale de la feuille illustrant l'ouverture d'un stomate, la chambre sous stomatique ainsi que l'ostiole sont bien visibles.

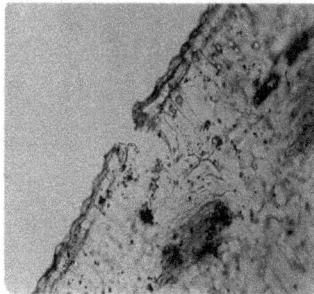

Figure 14 : Coupe transversale de la feuille d'arganier au niveau d'un stomate (microscope optique G×200).

Lors de nos analyses statistiques nous avons trouvé que les trois stations forment deux groupes dont la densité des stomates diffère significativement (Tableau 1) : en effet, les arbres de Guelmim présentent une densité stomatique significativement plus élevée (la densité moyenne est de 29,27 stomates/mm²) par rapport à la station d'Imouzzer 26,72 stomates/mm².

Par ailleurs, la densité stomatique des arbres de la station d'Agadir (28,57 stomates/mm²) ne diffère significativement ni de l'une ni de l'autre station, ce qui marque sa situation intermédiaire (géographiquement cette station est située entre les deux autres stations). La présence des stomates en grande quantité dans la station de Guelmim lui confère un système de contrôle plus efficace qui limiterait l'ouverture des ostioles et qui par conséquent limiterait la perte en eau et le dessèchement.

Concernant la longueur des stomates, nous avons trouvé que la station de Guelmim est différente significativement de la station d'Imouzzer et celle d'Agadir. Cependant, on n'a pas noté une différence significative entre la station d'Agadir et d'Imouzzer (Tableau 1).

Quant à la largeur des stomates, nous avons révélé une différence hautement significative entre les trois stations (Tableau 1).

Tableau 1 : Analyse de la moyenne des densités, des longueurs et des largeurs des stomates des feuilles d'Arganier.

	Densité (stomate/mm^2)	Longueur des stomates (µm)	Largeur des stomates (µm)
Imouzzer	26.72 ab	3.01 ab	1.67 a
Agadir	28.57 a	2.96 a	1.56 b
Guelmim	29.27 ac	2.67 c	1.50 c

Il est intéressant de noter que la station de Guelmim (zone la plus polluée) présente la longueur et la largeur des stomates les plus petites.

Lors de nos analyses statistiques nous avons trouvé que la droite de régression montre une corrélation positive (r = 0.967) entre la densité stomatique et les lieux des

56

trois stations. En effet, la densité stomatique augmente en allant de la station la plus éloignée de la zone polluée vers la station la plus proche (Figure 15) ; Une évolution qui pourrait être l'œuvre d'une réponse adaptative des arbres vis-à-vis un environnement poussiéreux.

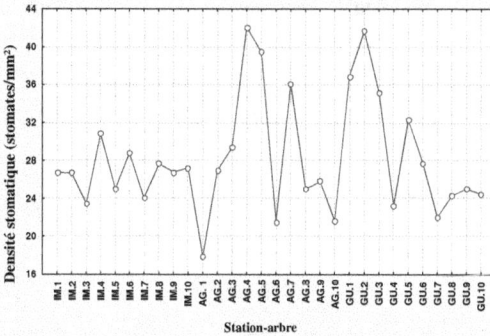

Figure 15 : Variation de la densité stomatique au sein des trois stations.

Cette évolution a été également remarquée pour la variabilité de la densité stomatique à l'intérieur de chaque station. En effet, la courbe de la variation de la densité des stomates présente des fluctuations remarquablement plus accentuées dans les stations de Guelmim et d'Agadir (plus polluée) par rapport à la station d'Imouzzer (moins polluée) (Figure 16). Ces fluctuations pourraient être des tendances adaptatives des arbres vis-à-vis les conditions de la pollution.

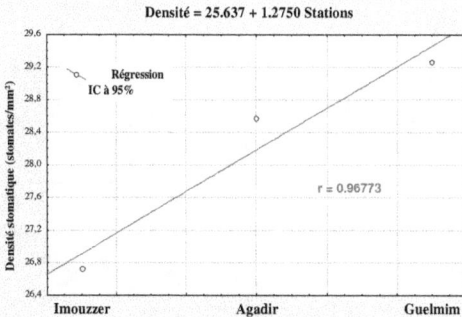

Figure 16 : Corrélation entre la densité des stomates et l'emplacement des stations vis à vis à vis la zone polluée.

Dans le but de dévoiler la corrélation entre la longueur des stomates et l'emplacement des trois stations par rapport au taux de pollution minière, une droite de régression a été faite. En effet, cette dernière a montré une forte corrélation (r=0.923) entre les deux paramètres précités (Figure 17). On a trouvé aussi une forte corrélation (r = 0.985) entre la largeur des stomates et les lieux des trois stations (Figure 18).

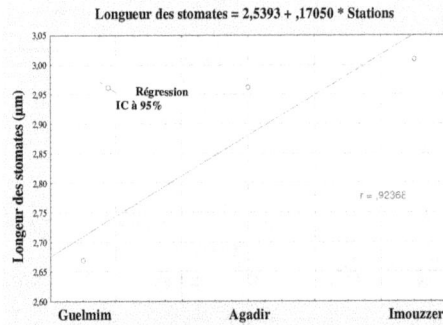

Figure 17 : Corrélation entre la longueur des stomates et l'emplacement des stations vis à vis la zone polluée.

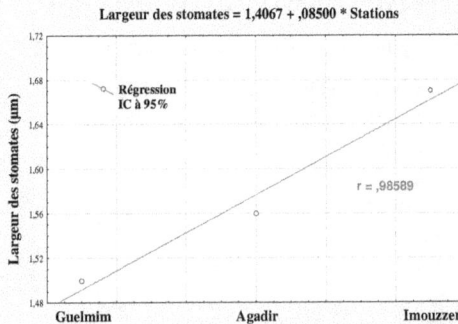

Figure 18 : Corrélation entre la largeur des stomates et l'emplacement des stations vis à vis à vis la zone polluée.

Il est important de signaler que les moyennes de la largeur et la longueur des stomates évoluent de la station la plus touchée par la pollution minière (Guelmim :

58

Abainou) vers la station la moins polluée (Imouzzer). Celle-ci présente les paramètres les plus homogènes.

Cette évolution qui pourrait être une tendance adaptative vis-à-vis des conditions difficiles (pollution minière) a été bien montrée pour la variabilité intrapopulation de la longueur (Figure 19) et la largeur (Figure 20) des stomates. En effet, les courbes de variation de la longueur et la largeur des stomates ont montré des fluctuations très accentuées dans la station la plus polluée (Guelmim) par rapport à la station la plus saine (Imouzzer). Quant à la station d'Agadir, elle présente des fluctuations intermédiaires.

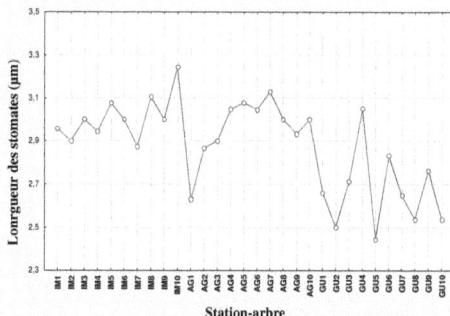

Figure 19 : Variation de la longueur des stomates au sein des trois stations.

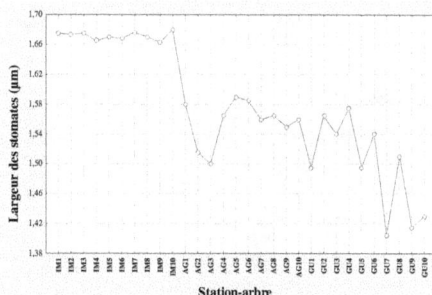

Figure 20 : Variation de la largeur des stomates au sein des trois stations.

Les fluctuations trouvées pour la densité, la longueur et la largeur des stomates peuvent être expliquées par la diversité intrapopulation de l'arganier (El Mousadik,

1997), la variabilité génétique des rameaux et des feuilles (Zahidi, 1994) et/ou l'âge des feuilles puisqu'elles ont été prises au hasard. Cependant, ces fluctuations restent minimales sans l'intervention des conditions difficiles (pollution minière).

Chapitre III : Etude phytochimique

1. Résultats

Le screening phytochimique de l'arganier qui a été effectué pour la première fois a permis d'aborder 10 composés phénoliques à savoir : les alcaloïdes, les flavonoïdes totaux, les anthocyanes, les aglycones, les composés cyanogénétiques, les quinones libres, les coumarines, les terpènes, les tanins et les saponines.

1.1. Alcaloïdes

Les trois tests qui révèlent la présence des alcaloïdes sont négatifs pour les trois échantillons d'Arganier : Admine, Guelmim et Agadir.

- Pas de précipité blanc avec le réactif de Mayer.
- Pas de taches orange sur le chromatogramme après pulvérisation avec le réactif de Dragendorff.
- Pas de taches bleues sur le chromatogramme avec le réactif à l'Iodoplatinate.

Les résultats des trois tests permettant la détection des alcaloïdes, montrent que les feuilles de l'arganier des trois stations : Guelmim, Admine et Agadir sont exempts des alcaloïdes. Nous signalons que nous avons effectué une deuxième répétition.

1.2. Dosage des flavonoïdes totaux

Le tableau 2 illustre les résultats des densités optiques obtenues par le spectrophotomètre UV-visible et les teneurs en flavonoïdes totaux, montrant que la station de Guelmim présente la teneur en flavonoïdes la plus élevée (2,027%), suivie de celle d'Agadir (1,946%) et d'Admine (1,685%).

Tableau 2 : Résultats spectrophotomètriques des teneurs en flavonoïdes totaux des feuilles d'arganier pour les trois stations étudiées.

Stations / Essais	Guelmim		Admine		Agadir		Quercétine
	DO	$T_G(\%)$	DO	$T_{AD}(\%)$	DO	$T_{AG}(\%)$	
Essai 1	0,725	1,992	0,602	1,654	0,701	1,926	0,182
	0,739	2,076	0,592	1,662	0,710	1,950	0,178
	0,738	2,096	0,596	1,693	0,699	1,985	0,176
Essai 2	0,723	2,042	0,601	1,697	0,703	1,986	0,177
	0,721	1,959	0,619	1,682	0,700	1,902	0,184
	0,724	2,000	0,623	1,721	0,698	1,928	0,181
Moyennes des T	2,027 %		1,685 %		1,946 %		
Ecart type	0,053		0,024		0,034		

L'étude statistique (comparaison des moyennes et des variances) a montré une différence significative entre les trois stations (Figure 21).

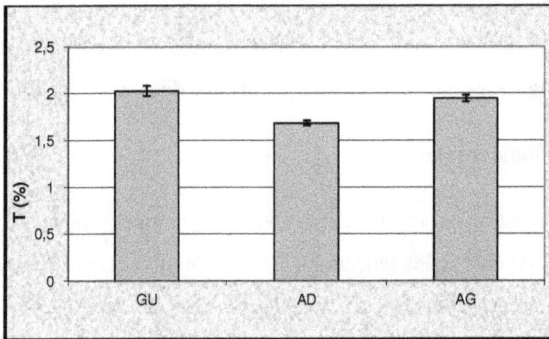

Figure 21 : Histogramme illustrant la différence en teneurs de flavonoïdes totaux entre les trois stations

1.3. Dosage des anthocyanes

Les résultats présentés dans le tableau 3 montrent que la teneur en anthocyanes est plus élevée dans la station de Guelmim (24,162 mg/g) que dans les deux autres stations : Agadir (14,540 mg/g) et Admine (13,936 mg/g).

Tableau 3 : Teneurs en anthocyanes et en aglycones des feuilles d'arganier des trois stations étudiées.

		Guelmim	Admine	Agadir
Anthocyanes	T_1 **(mg/g)**	23,165	13,121	14,760
	T_2 **(mg/g)**	25,16	14,752	14,320
	Moyenne	24,162	13,936	14,540
	Ecart type	1,411	1,153	0,311
Aglycones	T_1 **(mg/g)**	2,521	2,421	2,331
	T_2 **(mg/g)**	2,052	2,219	2,456
	Moyenne	2,286	2,320	2,393
	Ecart type	0,332	0,143	0,088

T_1 : teneurs pendant le premier teste

T_2: teneurs pendant le deuxième teste

Les études statistiques ont prouvé qu'il y a une différence significative entre la station de Guelmim et les autres stations (Figure 22).

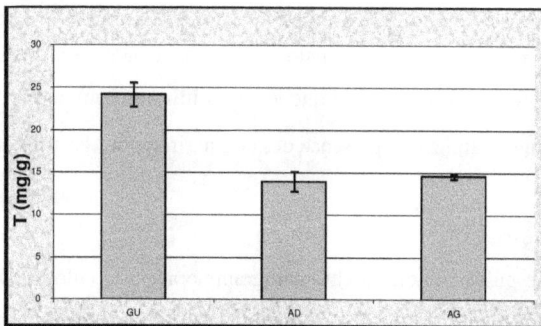

Figure 22 : Histogramme illustrant la différence en teneur des anthocyanes des feuilles d'arganier des trois stations étudiées

1.4. Dosage des aglycones

Les études statistiques ont montré qu'il n'y a pas une différence significative en aglycones des feuilles d'arganier entre les trois stations. Le tableau 3 présente les résultats obtenus : les teneurs en aglycones sont presque égales. En effet, la teneur chez la station de Guelmim est de 2,286 mg/g, Agadir est de 2,393 mg/g et celle d'Admine est de 2,320 mg/g.

1.5. Composés cyanogénétiques

La comparaison du papier témoin (suspendu dans le tube contenant les amandes d'abricot) et celui de chaque échantillon permet de dire qu'on n'a pas un « virage de coloration en rouge » (pas de production de HCN) ce qui indique l'absence des composés cyanogénétiques chez les feuilles d'arganier.

1.6. Quinones libres

On ne constate pas un virage de coloration au jaune, rouge ou violet de la phase aqueuse des trois échantillons, ce qui signifie qu'il n'y a pas de quinones libres dans les feuilles des trois stations.

1.7. Coumarines

Après développement du chromatogramme, les bandes sont bien visibles sous UV (366 nm) et sous UV+NH$_3$, ainsi que le test confirmatif qui permet de détecter la fluorescence jaune désignant la présence des coumarines pour les trois stations.

1.8. Terpènes

Après une pulvérisation du chromatogramme avec du chlorure d'antimoine et chauffage à l'étuve à 110 °C pendant 30 minutes, la fluorescence est bien visible sous UV à 365 nm, ce qui indique la présence des terpènes pour les stations de Guelmim, Agadir et Admine.

1.9. Tanins

La coloration brun verdâtre de l'extrait méthanolique des trois échantillons des feuilles d'arganier indique la présence des tanins catéchiques.

1.10. Saponines

Les résultats du tableau illustrent la richesse des feuilles d'arganier de Guelmim en saponines en comparaison avec celles d'Agadir. Quant à la zone d'Admine, elle ne présente qu'une quantité très faible (même nulle) des saponines (Tableau 4).

Tableau 4 : Tableau représentatif des résultats obtenus après test des saponines pour les trois stations.

	Indices de mousse		Résultats
Témoin : Saponaire	I_{T1}	788.88	Présence des saponines
	I_{T2}	666.66	
Guelmim	I_{11}	255.55	Présence des saponines
	I_{21}	222.22	
Admine	I_{12}	52.22	Absence des saponines
	I_{22}	61.11	
Agadir	I_{13}	188.88	Présence des saponines
	I_{23}	288.88	

I_{T1} et I_{T2} Indices de mousse de saponaire pour les deux tests

$I_{11} \rightarrow I_{23}$ Indices de mousse des stations pour les deux tests

2. Discussion

Les résultats de screening phytochimique (Tableau 5) de l'arganier pour les trois régions : Guelmim, Admine et Agadir ont montré que les principaux métabolites existant chez cette plante sont les flavonoïdes, surtout la quercétine et la myricétine, présentant une forte teneuse dans les feuilles comme signalé par

65

Tahrouch (2000). Par ailleurs, d'autres techniques utilisées pour la quantification des flavonoïdes totaux ont donné des résultats différents (Tahrouch 2000).

La station de Guelmim présentant les plus fortes teneurs en flavonoïdes, ceci est en accord avec la bibliographie qui signale que les plantes réagissent aux agressions en augmentant leur taux de polyphénols, ces composés phénoliques sont des métabolites secondaires pouvant être soumis à d'importantes fluctuations face aux agressions de l'environnement contrairement aux composés du métabolisme primaire.

Ceci est bien illustré par l'étude histochimique réalisée par plusieurs auteurs (Hariri et *al.*, 1991 ; Dai et *al.*, 1995 ; Olsson et *al.*, 1998 ; Ribéreau-Gayon et Peynaud., 1968 et Tahrouch, 2000). Ces derniers ont démontré la localisation des formes hétérosidiques, hydrosolubles, des flavonoïdes dans les vacuoles et, selon les espèces, ils se concentrent dans l'épiderme des feuilles ou se répartissent entre l'épiderme et le mésophylle. Les composés phénoliques constituent un groupe d'importance capitale dans le domaine de la production végétale, jouant, en général, un rôle majeur dans la régulation de la croissance des plantes.

D'autres observations ont été signalées par (Strid et *al.*, 1990 et Jordan et *al.*, 1994) concernant l'impact des processus physiologiques telle que la photosynthèse sur le taux élevé des polyphénols. En effet, la pollution minière pourrait influencer l'équilibre physiologique de la plante, puisque les feuilles qui permettent l'assimilation de la lumière et du CO_2 favorisant la photosynthèse sont couvertes des poussières. Dans ce sens, on peut dire que le taux élevé des flavonoïdes dans la station de Guelmim est peut être dû à un facteur physiologique. Donc, la pollution minière étudiée pourrait influencer indirectement le pool phénolique de l'arganier.

Sans oublier que, dans le cas de l'arganier le ou les facteurs affectant l'induction de la production de composés phénoliques ne peuvent pas être déterminés avec certitude (Tahrouch, 2000). Cela peut être expliqué par l'intervention de plusieurs facteurs environnementaux qui influencent la teneur en composés phénoliques de *A.spinosa* tels que : le stress dû aux herbivores (Dixon et Paiva, 1995), le stress dû aux radiations ou le stress thermique et le stress nutritionnel...

Les résultats concernant les saponines peuvent aussi entrer dans ce contexte. En effet, la présence des saponines chez les arbres de la station de Guelmim, zone la plus touchée par la pollution minière (poussières de la carrière d'Abaynou) est remarquable en comparaison avec la zone d'Admine qui est la plus saine et qui présente peu (ou même pas) de saponines. Par conséquent, pour faire face aux conditions défavorables, la plante augmente la production des polyphénols.

La richesse des feuilles en tanins catéchiques va en conformité avec les conclusions de Jado et *al.* (1979), selon lesquelles les feuilles sont le siège de la biomasse de ces substances secondaires.

Mais en ce qui concerne les quinones libres et les composés cyanogénétiques, ils sont absents chez les feuilles d'arganier des trois stations.

Tableau 5 : Tableau récapitulatif des principales classes des métabolites secondaires des feuilles d'arganier dans les trois stations étudiées.

PRINCIPALES CLASSES DES METABOLITES SECONDAIRES								
Stations	Alcaloïdes	Flavonoïdes	Coumarines	Quinones libres	Terpènes	Tanins catéchiques	Composés cyanogénétiques	Saponines
Admine	-	+	+	-	+	+	-	-
Guelmim	-	+	+	-	+	+	-	+
Agadir	-	+	+	-	+	+	-	+

Conclusion générale

Dans la présente étude, nous avons essayé d'apporter de nouvelles données sur l'arganier afin d'approfondir nos connaissances sur cet arbre. Il est très intéressant, non seulement par ces caractères écologiques, mais aussi par son potentiel économique et la valeur de ses produits.

L'étude anatomique qui a été effectuée sur l'appareil végétatif de l'arganier, ainsi que les études antécédentes, nous ont permis de dire que cet arbre a une structure typique de Dicotylédones et de la famille des Sapotacées.

La racine adulte montre une couche épaisse de suber, la feuille contient une nervure peu saillante sur la face inférieure et une couche de parenchyme palissadique qui est souvent plus allongée sur la face supérieure que sur la face inférieure où elle peut être parfois absente.

L'étude statistique des stomates sur trois les régions : Guelmim, Imouzzer et Agadir qui sont différentes par leur degré d'exposition à la pollution minière, nous a permis de dégager trois points intéressants :

➢ L'arganier augmenterait la densité des stomates de la feuille pour s'adapter aux conditions difficiles en réduisant la longueur et la largeur de ces stomates

➢ La présence des stomates en grande quantité dans la station de Guelmim lui confère un système de contrôle plus efficace qui limiterait l'ouverture des ostioles et qui par conséquent limiterait la perte d'eau et le dessèchement.

➢ La diversité intrapopulation et l'age des feuilles ont un impact sur la densité des stomates des feuilles d'arganier, ainsi que la largeur et la longueur de ces stomates, mais ces deux derniers facteurs ne sont pas influencés par les conditions environnementales auxquelles sont exposés les arbres de chaque station, ce qui n'est pas le cas pour la densité des stomates.

Le screening phytochimique qui a été effectué, pour la première fois chez les arbres de Guelmim, sur les feuilles d'arganier nous a permis de définir les différents constituants en métabolites secondaires des feuilles d'arganier, notons que les flavonoïdes sont présents en grande quantité. L'étude comparative entre les trois régions : Guelmim, Admine et Agadir a montré que la station de Guelmim présente les plus fortes teneurs en flavonoïdes, dans ce sens qu'on peut dire que les plantes réagissent aux agressions en augmentant leur taux de polyphénols. Ces derniers peuvent être soumis à d'importantes fluctuations face aux variations de l'environnement.

Références bibliographiques

Alarcon JJ., Sanchez-Blanco MJ., Bolarin MC., Torrecillas A. 1993. Water relations and osmotic adjustement in *Lycopersicon esculentum* and *Lycopersicon pennellii* during short-term salt exposure and recovery. *Plant Physiol.* 89, 441-447.

Albino M., Muppala P., Reddy R., Joly S. 2000. Leaf gas exchange and solut accumulation in the halophyte. *Salvadora persica* grown at moderate salinity. Environnemental and experimental Botany. 44, 31-38.

Alston RE., Turner BL. 1963. Biochemical Systematics, Prentice-Hall Inc, Englewood Cliffs, N.J.

Al Yahia MA. 1986. Phytochemical studies of the plants used in traditional medicine of Saudi Arabia. Fitoterapia Vol L VII. 3, 179-182.

Asad SF., Singh S., Ahmad A., Hadi SM. 1998. Flavonoids : antioxidants in diet and potentiel anticancer agents. Medical Science Research. 26, 273-728.

Aussenac G., Grantier A. 1978. Quelques résultats de cinétique journalière du potentiel de sève chez les arbres forestiers. *Ann. Sci. Forest.* 35, 19-32.

Avella T., Lewalle J., Dechamps R. 1999. Etude de structure du bois d'arganier par microscopie électronique à balayage. Annales Sciences Economiques. 25, 25-29

Ayad A. 1989. Présentation générale de l'arganeraie in: Formation forestière continue, thème "L'arganier", Station de recherche forestière, Rabat, 13-17 mars, 9-18.

Bate-Smith EC. 1965. The phenolic constituents of plants and their taxonomic significance. 1. Dicotyledons. Journal of the linnean Society of botany. 58, 95-173.

Bate-Smith EC. 1958. Proc.linn. Soc. (Londres), 169, 198. In Ribéreau-Gayon P ; Peynaud E., 1968.

Bate-Smith EC. 1962. J. Linn. Soc. (Bot.), 58, 95. In Ribéreau-Gayon P ; Peynaud E., 1968.

Bate-Smith EC., Metcalf CR. 1957. J linn.Socc. (Bot), 55, 362. *In* Ribéreau-Gayon P ; Peynaud E., 1968.

Bate-Smith EC., Swain T. 1962. Flavanoid compounds in Comparative Biochemistry ; H.S. Mason, A.M. Florkin, Academic Press, New York. 3, 755-809.

Ben Naceur M. 1994. Contribution à l'évaluation du degré de résistance aux contraintes hydriques (sécheresse et excès d'eau) chez l'orge (*Hordeum vulgare* L.) et la fétuque (*Festuca arundinacea* Schreb.). Thèse de doctorat d'état, 1-13.

Boudy. 1950. Monographie et traitement des essences forestières. Economie forestière Nord-Africaine. Fasc. II. F L, 353 pp.

Camefort H. 1977. Morphologie des végétaux vasculaires. Cytologie. Anatomie. Adaptation. 2 Ed, 5 tirages, doin éditeur Paris, 238p.

Chaussod R., Nouaïm R. 1991. Etude du système racinaire de l'Arganier. *In* Colloque.

Chernane H., Hafidi A., El Hadrami I., Ajana H. 1999. Composition phénolique de la pulpe des fruits d'arganier (*Argania spinosa* L. Skeels) et relation avec leurs caractéristiques morphologiques. Agrochimica. 43, 137-150.

Crété P. 1965. Précis de botanique. Systématique des Angiospermes. Tome II. 429p

Dai GH., Andary C., Mondolot-Cosson., Boubals D., 1995. Histochemical responses of leaves of *in vitro* plantlets of *Vitis* spp, to infection with *Plasmopara viticola*, Phytopathology. 85, 149-154.

De Pereira Netto AB., Gabriele AC., Pinto HS. 1997. Aspects of leaf anatomy of tropical Kudzu related to water and energy balance. Pesq. Agropec. Bras., Brasilia. 32, 689-693.

De Ponteves E., Bourbouze A., Narjisse H. 1990. Occupation de l'espace, droit coutumier et législation forestière dans l'arganeraie marocaine. Cahiers de la Recherche-Développement. 26, 28-43.

Deysson G. 1954. Eléments d'anatomie des plantes vasculaires. Ed. SEDES 268p.

De Whally CV., Rankin SM., Hoult JR., Jessap W., Leake DS. 1990. Flavonoids inhibit the oxidative modification of low density lipoprotein by macrophages. Biochem. Pharmacol. 39, 1743-1750.

Dixon RA., Paiva NL. 1995. Stress-induced phenylpropanoid metabolism. The Plant Cell. 7, 1085-1097.

Duthie SJ., Dobson VL., 1999. Dietary flavonoids protect human colonocyte DNA from oxydative attack in vitro. Eauro. J. Nutr. 38, 28-34.

El Aboudi A. 1990. Typologie de l'arganeraie inframéditerranéenne et écophysiologie de l'arganier (*Argania spinosa* (L) Skeels) dans le Souss (Maroc). Thèse université Grenoble. I 133 p *in* Mountasser A. et Elhadek , 1999.

El Mousadik A. 1997. Organisation de la diversité génétique de l'arganier *Argania spinosa* (L.) Skeels. Apport des marqueurs nucléaires et cytoplasmiques. Thèse de doctorat d'état es science. Université Ibn Zohr. 112p.

Emberger L. 1925. Les limites naturelles climatiques de l'arganier. Bulletin de la société des sciences naturelles du Maroc. 3, 94-97.

Gentil L. 1906. Les végétaux utiles de l'Afrique tropicale Française. Fac. Π. 127-158.

Gharti-Chherti GB., Lales JS. 1990. Biochemical and physiological responses of nine spring wheat (*Triticum aestivum*) cultivars to drought stress at reproductive stage in the tropic. *Belg. J. Bot.* 123, 27-35.

Gigon A. 1979. CO gas echange, water relations and convergence of mediterranean shrub-types from California and Chile. *Ecol. Plant.* 14 (2), 129-150.

Giordano G. 1980. I legnami delmondo : Ed. 2: 596. Π Cerilo. Editrice. Roma.

Gorenflot R. 1986. Biologie végétale. Plantes supérieures. 1. Appareil végétatif, 2Ed. Masson Paris New York Barcelone Milon Mexico Sao Paulo 1986. 238p.

Grew NA. 1682. The anatomy of plants, 2d ed. London, Royal Society, p. 153, t. 48

Guyot M. 1966. Les stomates des Ombellifères. Bull. Soc.Bot. Fr. 133 (5-6), 244-273.

Harborne JB. 1993. New naturally occuring plant polyphenols. In: Polyphenolyc Phenomina, Ed. A. Scalbert, INRA, Paris, 19-22.

Hariri E.B., Salle G., Andary C. 1991. In volvement of flavonoids in the resistance of two poplar cultivars to mistletoe (*Viscum album* L.). Protoplasma. 162, 20-26.

Heath OVS. 1959. Light and carbon dioxide in stomatal movements. IN Encyclopedia of Plant Physiology, XVII/1, 415-464, Ruhland W. Springer.

Heller R., Esnault R., Lance C. 1993. Physiologie végétale. Nutrition. 5ème édition, 2ème tirage. 283, 55-56.

Hiermann A., Reidlinger M., Juan H., Sametz W. 1991. Isolation of the antiphlogistic principle from *Epilobium angustifolium*. Planta Med. 57, 357-360.

Hiermann A., Schramm HW., Laufer S. 1998. Antiinflammatory activity of myricitin-3-o-beta-D-glucuronide and related compounds. Inflamm. Res. 47, 421-427.

73

Humbert C. 1976. Recherche sur la différenciation et la cytophysiologie des stomates. Thèse de doctorat d'état. Université de Dijon.121p + annexes.

Humble GD., Raschke K. 1971. Stomatel opening quantitatively related to potassium transport : evidence from electron probe analysis. Plant Physiol. 48, 447-453.

Imamura S. 1943. Untersuchungen über den Mechanismus der turgorschwankung der Spaltöffnungsschliesszellen. Jap. Bot. 12, 251-346.

Jado AI., Hassan MM., Ezmirly ST., Muhtadi FJ. 1979- The chemical investigation of *Peganum harmala* L. growing in Saudia Arabia. Pharmazie. 34, 108-109.

Jay M., Gonnet JF., Wellenweber E., Voirin B. 1975. Sur l'analyse qualitatives des aglycones flavoniques dans une optique chimiotaxonomique. Phytochemistry. 14, 1605-1612.

Johnson-Flanagan AM., Huiwen Z., Geng X-M., Brown DCW., Nykiforuk CL., Singh J. 1992. Forst, abscisic acid, and desication hasten embryo development in *Brassica napus*. *Plant Physiol.* 99, 700-706.

Jordan BR., James E., Strid A., Anthony G. 1994. The effect of ultraviolet-B radiation on gene expression and pigment composition in etiolated and green pea leaf tissue : UV-Bioduced changes are gene-specific and dependent upon the developmental stage. Plat, Cell and environment. 17, 45-54 *in* Ould Ahmedou ML., 2002.

Karsten H. 1848. Cité par Strasbourger (1866).

Laffray P., Louguet P. 1986. Stomatal opening and related ionic fluxes in *Pelargonium hortorum* and *Vicia faba* under blue and red light. 5 th Congress of the FESPP, 31 aug-4 Sept., Hamburg.

Lebreton P., Mèneret G. 1964. Bull. Soc. Bot 111, 69 *in* Ribéreau-Gayon P et Peynaud E., 1968.

Lebreton P. 1964. Bull. Soc. Bot., 111, 80 *in* Ribéreau-Gayon P et Peynaud E., 1968.

Leonard. 1987. L'arganier au Maroc ; sa description, ses méthodes de multiplication et sec applications en reforestation. Travail de fin d'étude. 171 p.

Lewalle J. 1991. L'arganier un arbre exceptionnel. RAM Magazine. 51, 12-14.

Losch R., Tenhunen JD., Pereira JS., Lange OL. 1982. Dinrnal courses of stomatal resistance and transpiration of wild and cultivated mediterranean perennials at the end of the summer dry season in *Portugal. Flora.* 172, 138-160.

Louguet P. 1974. Les mécanismes du mouvement des stomates étude critique des principales théories classiques et modernes et analyse des effets du gaz carbonique sur le mouvement des stomates du Pélargonium X hortorum à l'obscurité. Physiol. Vég. 12 (1), 53-81.

Luttgué U., Bauera G. 1992 : Botanique. Edition Lavoisier. Paris (France) ; 220p.

Macheix JJ., A. Fleuriet. 1993. Phenolics in fruit products: progress and prospects *in* Polyphenolic Phenomina, Ed. A. Scalbert, INRA Paris, 157-163.

Markham KR. 1982. Techniques of flavonoid identification. Edition academic press, New Zealand. 113p.

Metcalfe CR., Chalk L. 1950. Anatomy of the dicotyledons. Clarendon Press, Oxford, I + II.

M'Hirit O. 1989. L'arganier : une espèce fruitière forestière à usage multiple. Formation forestière continue, thème L'arganier. Division de recherche et d'expérimentation forestière (Rabat). 32-56.

M'Hirit O., Benzyane M., Benchekroune F., El Yousfi SM., Bendaanoun M. 1998. L'arganier une espèce fruitière-forestière à usage multiples. I.S.B.N. Pierre Mardaga Edit. Belgique, 10-97.

Miura S., Watanabe J., Sano M., Tomita T., Osawa T., Hara Y., Tomita I. 1995. Effects of various natural antioxidants on the Ca^{2+}-mediated oxidative modification of low density lipoprotein. Biol. Pharm. Bull. 18, 1-4.

Miura S., Tomita T., Watanabe T., Hirayama T., Fukui S. 1998. Active oxygens generation by flavonoids. Biol. Pharm. Bull. 21, 93-96.

Monpon B., Lemaire B., Mengal P., Surbled M. 1996. Extraction des polyphénoles : du laboratoire à la production industrielle. Congrès International du Groupe Polyphénoles, Bordeaux (France), 1996, Ed. INRA, Paris 1998.

Morel I., Abalea., Sergent O., Cillard P., Cillard J. 1998. Involvment of phenoxyl radical intermediates in lipid antioxydant action of myricetin in iron-treated rat hepatocyte culture. Biochem. Pharmacol. 55, 1399-1404.

Mott KA., O'leary JW., Gibson AC. 1982. The adaptative significance of amphistomatic leaves. Plant Cell and Environment. 5, 455-460.

Mountasser A., Elhadek M. 1999. "Optimisation des facteurs infuencant l'extraction de l'huile d'argan par une presse", Oleagineux, Corps gras, lipides. 6 (3), 273-279.

Nägeli. 1842. Cité par Strasbourger (1866).

Nouaim R. 1994. Ecologie microbienne des sols d'arganeraies (S.W. Marocain). Activités microbiologiques des sols et rôle des endomycorhizes dans la croissance et la nutrition de l'arganier. Thèse de doctorat d'état, Université Ibn Zohr, Agadir. 174p.

Nouaim R., Chaussod R. 1993. L'arganier (*Argania spinosa* (L) Skeels). Le flamboyant bulletin de liaison des membres du réseau arbres tropicaux n° 27. Septembre 1993.

Nouaim R., Chaussod R., El Aboudi A., Schnabel C. 1991. L'arganier : essai de synthèse des connaissances sur cet arbre. Physiologie des arbres et arbustes des zones arides et semi-arides, Groupe d'étude de l'arbre, Edit. Paris. 1-16.

Nouri L. 2002. Ajustement osmotique et maintien de l'activité photosynthétique chez le blé dur (*Triticum durum, Desf.*), en conditions de déficit hydrique. Thèse de magister en Biologie Végétale. 4-16.

Ober., Setter. 1992. Water deficit induces abscisic acid accumulation in endosperm of maize viviparous mutants. Plant Physiol. 98, 353-356.

Ober., Setter. 1990. Timing of kernel development in water –stress maize : water potential and abscisic acid concentrations. Ann. Bot. 66, 665-672.

Olsson LC., Viet M., Weissenböck G., Borman F. 1998. Differiential flavonoid response to enhanced UV-B radiation in *Brassica napus*. Phytochemistry, 46, 1021-1028.

Ono K., Nakane H. 1990. Mechanisms of inhibition of various cellular DNA and RNA polymerises by several flavonoids. J. Biochem. 108, 609-613.

Ono K, Nakane H., Fukushima M., Chermann JC., Barre-sinoussi. 1990. Differential inhibitory effects of various flavonoids on the activities of reverses transcriptase and cellular DNA and RNA polymerases. Eur. J. Biochem. 190, 469-476.

Oyama Y., Fuchs PA., Katayama N., Noda K. 1994. Myricetin and quercetin, the flavonoids constituents of *Ginkgo biloba* extract, greatly reduce oxidative metabolism in both resting and Ca^{2+}-loaded brain neurons. Brain Res. 635, 125-129.

Pallas JE. Jr. 1972. Photophosphorylation Can Provide Sufficient Adenosine.

Pant DD., Mehra B. 1964. Otogeny of stomata in some Ranunculaceae. Flora. 155, 179-188.

Peeking A., Picand B., Hacene K., Lokiec F., Guérin P. 1987. Oligimères procyanidoliques (Endotélon) et système lymphatique. Artères et Veines. 6, 512-513.

Peltier JP. 1982. La végétation du bassin versant de l'oued Souss (Maroc). Thèse univ. Sc. Grenoble. 201pp. + annexes.

Peterson KL., Moreshets Fluchs M. 1991. Stomatal responses of field-grown cotton to radiation and soil moisture. *Agron.J.* 83, 1059-1065.

Raschk K., Fellows P. 1971. Stomatel movement in Zea mays : Shuttle of Potassium and Chloride between guard cells and subsidiary cells. Planta. 101, 296-316.

Ribaut JM., Pilet PE. 1991. Effects of water stress on growth, osmotic potential and abscisic acid content of maize roots. *Physiol. Plant.* 81, 156-162.

Ribéreau-Gayon P., Peynaud E. 1968. Les composés phénoliques des végétaux, Ed. Dunod, Paris VI, 354p.

Riedacker A., Dreyer E., Pafzdnam C., Joly H., Bory G. 1990. Physiologie des arbres et arbustes des zones arides et semi-arides. Groupe d'étude de l'Arbre. Observatoire du Sahara et du Sahel. Seminaire. Paris. 373-465.

Rieuf P. 1962. Les champignons de l'arganier. Les cahiers de la recherche agronomique. Rabat. 15, 1-25.

Rizk AM. 1982. Constituents of plants growing in Qatar. I.A chemical survey of sexty plants. Fitoterapia. 52, 35-44.

Roberts SW., Miller PC., Valamanesh A. 1981. Comparative fied water relations of four Co-occuring chaparral shrub species. Ecologia (Berlin). 48, 360-363.

Rouhi R. 1991. 1ére colloque internationale sur l'arganier : recherche et perspectives « Poster ».

Sauvage C., Vindt J. 1952. Flore du Maroc, analytique, descriptive et illustrée. Spermatophytes Fasc. 1: Ericales, Primulales, Plombaginales, Ebénales, Contortales. Trav. Inst. Sci., sér. bot., n°1. Rabat. 148 p.

Scalbert A. 1993. Introduction to polyphenolic phenomina. In: Polyphenolic phenomina, Ed. A. Scalbert, INRA Paris.

Strasbourger E. 1866. Ein Beitrag Zur Entwicklungs gechichte der.

Strid A., Chow WS., Anderson JM. 1990. Effects of supplementary ultraviolet-B radiation on photosynthesis in *Pisum sativum*. Biochimica et Biophysica Acta. 1020, 260-268.

Swain T. 1963. Chemical Plant Taxonomy, Academic Press, New York. In Ribéreau-Gayon P et Peynaud E., 1968

Swiader K., Lamer-Zarawska. 1996. Flavonoids of rare *Artemisia* species and their antifungal properties. Fitoterapia. 67, 77-79.

Tahrouch S. 2000. Etude des composés phénoliques et des substances volatiles de *Argania Spinosa* (*Sapotaceae*). Adaptation de l'arganier à son environnement. Thèse de doctorat d'état. Université Ibn Zohr. 124 p.

Tamagone L. 1998. A. Merida, N. Stacey, K Plaskitt, A. Parr, C.F. Chang, D. Lynn, J. M.

Tardieu F., Davies W. 1992. Stomatal response to abscisic acid is a function of current plant water status. Plant Physiol. 98, 540-545.

Tardieu F., Karteji N., Bethenod O. 1990. Relations entre l'état hydrique du sol, le potentiel de base et d'autres indicateurs de la contrainte hydrique chez le maïs. Agronomie.10, 617-626.

79

Thierry L. 1987. L'arganier au Maroc : sa description, ses méthodes de multiplication et son application en reforestation. Thèse d'ingénieur technique, Institut provençal d'enseignement supérieur agronomique et technique, 183p.

Torrecillas A., Ruiz-Sanchez MC., Leon A., Garcia A.L. 1988 a et b. Stomatal response to leaf water potential in almond trees under drip irrigated and non irrigated conditions. Plant and soil. 112, 151-153.

Van Cotthem w. 1970. A classification of stomatel typs. Bot. J. Linn. Soc. 63, 235-246.

Vesque J., 1881. De l'anatomie des tissus appliquée à la classification des plantes. Nouv.

Wartinger A., Heilmeir H., Hartung W. 1990. Daily and seasonal courses of leaf conductance and abscisic acid in the xylem sap of almond trees (*Prunus dulcis* (Miller) D.A. Webb) under desert conditions. New phytologist. 116, 581-587.

Wedworth SM., Lych S. 1995. Diatary flavonoids in atherosclerosis prevention. Ann. Pharmacother. 29, 627-628.

Willtsätter R., Malison H. 1915. Liebigs Ann., 408, 147.

Yamashita T. 1952. Influences of potassium supply upon various properties and movement of the guard cells. Sieboldia. 1, 51-70.

Zahidi A. 1994. Contribution à l'étude de la variabilité génétique de l'arganier : cas des rameaux et de la feuille. Mémoire de CEA. Université Ibn Zohr, Agadir. 84p.

Annexe

* F.A.A :

      6,5 ml de Formol

      2,5 ml d'Acide acétique

      100 ml d'Ethanol 50%

* Mayer :

      0.5g de l'iodure de potassium

      1.36g de bichlorure de mercure

      Eau distillée (QSP 100 ml)

* Dragendorff :

      0.85g de sous nitrate de bismuth

      40 ml d'eau distillée

      10 ml d'acide acétique

* Iodoplatinate de potassium :

      8g d'iodure de potassium

      20 ml d'eau distillée

* NEU : 2 aminoéthyl-diphénylborate

      95 ml de Diphenylboric éthanolamine

      5 ml de méthanol

* Technique de coloration des stomates : cité par Riahi (1980)

Les morceaux découpés à la base de la feuille sont fixés dans un mélange alcool absolu/acide acétique (3/1) puis colorés par du carmin acétique bouillant (colorant spécifique des noyaux et des chromosomes). La préparation est montée ensuite dans une goutte d'eau distillée entre lame et lamelle.

www.ingramcontent.com/pod-product-compliance
Lightning Source LLC
Chambersburg PA
CBHW021121210326
41598CB00017B/1533